让你的PPT 更有说服力
——提升PPT竞争力的 55 个关键

领先科技
超清 超薄 超静音

科技创新 领先生活

有效的运动
与体重管理产品

事实：

· 在中国，每4个成年人就有一个超重。
· 每天运动45分钟，消耗卡路里，维持健康体重
  拥有活动人生！

U0307355

循 环 健 康 解决方案

Part 1 分析篇

2011
中国掀起140字微博革命！

节约水资源
从你我做起
从每一滴做起

项目背景

·从战术层面上来说，猎头网定位、改版等需要需要让更多的目
标人群如同，并吸引他们主动关注猎头网相关信息或活动；另外，针
对年底的"猎聘旺季"，我们也迫切需要一场宣传战役来"制造话题，
预热市场"，提升口碑，引爆关注"

·从战略层面上来说，我们需要打破以往时断时续的宣传思路，以猎
头网改版为契机，导入年度性、系统化的营销推广体系，在夯实、夯
实猎头网"中国经理人首选职业平台"的定位和理念的同时，深度挖
掘猎头网意在成就在营销价值、传播价值，以便让更多的目标人群知
晓并认同猎头网

展示荣誉与信心

1st 完成月度销售目标，成为月度最佳团队

保持公司 2nd 的季度销售记录，持续领先……

从今年 3rd 季度开始，……

Tankartankar Design

专注一件事的好处：

专注、成就感、摆脱压力

更好的结果......

面对意外出现的工作时，一定要冷静地考虑清楚它是否值得你停下其他工作，千万不要为了忙碌而忙碌。

探索生命起源奥秘

领跑新学期 学出新希望

以文化魅力，打造最具幸福感企业

江西诚睿企业形象策划有限公司是一家专注提供品牌传播一体化解决方案的集团公司。公司下准心广告、中正传媒、力志广告三个全资子公司和制作加工、工程施工、电商服务三个事业部。

公司服务领域涉及传统综合广告、品牌推广策划、企业形象系统设计、媒体资源整合、会务及庆典活动、宣传片制作、电子商务服务等。

工作模式

我们深入品牌宏观层面与微观层面的优势、问题、机会，以专家式的品牌服务流程帮助客户解决问题。

西装 的颜色搭配

两个单色，一个图案

在西服套装、衬衣、领带中，最少要有两个单色，最多一个图案。

深浅交错

■ 深色西服配浅色衬衫和鲜艳、中深色领带；
■ 中深色西服配浅色衬衫和深色领带；
■ 浅色西服配中深色衬衫和深色领带。

白衬衣是男士永远的**时装**

■ 合体，系上最上一粒纽扣，能伸进去一个到两个手指；
■ 衬衫领子应露在西服领子外1.5CM左右；
■ 抬起手臂时，衬衫袖口也应露出西服袖口外1.5CM左右。以保护西服的清洁；
■ 衬衣的下摆一定要塞到裤腰里。

随规策略 创造活动

自娱字乐·两面派智造

用户登录测试APP，完成简单填空（3~5个词），即可生成图文#两面体#，参不用户创造的两面体被转发越多获取积分越多，最终凭借积分购买其他产品可获得相应折扣。

还记得你第一台电脑
是什么样子吗？

**创新产品
让工作和生活完美平衡**

过渡页

④ **服务内容**

· 心理情绪问题
· 恋爱婚姻问题
· 职业发展问题
· 职场困扰问题
· 亲子教育问题
· 成瘾问题

目录
CONTENTS

① 往期工作回顾
② 重点工作剖析
③ 销售精英颁奖
④ 下半年工作展望

目录

■ **职业** 发展路径

诸立营销人员职业发展路径包括纵向发展和横向发展两条路径。

纵向发展
是指同岗位内向更高的职级发展

纵向发展
是指传统的晋升(即职级的行政管理很多的晋升

员工发展向流多方向发展的可能性和机会

纵向发展

横向发展

■ **区域营销**规划模板结构

5. 营销策略：完成营销目标的关键策略

标出可衡量的里程碑事件和时间

列出关键的策略及右SWOT分析中的缺陷

解释通过什么样的步骤、方式或手段来实现这一策略

NueLi

NueLi

新浪微博注册用户已突破
3亿大关
用户每日发博量超过
1亿

市场营销

让你的

PPT

boy girl

——提升 PPT 竞争力的

更有说服力

55 个关键

赛贝尔资讯 编著

清华大学出版社

北　京

内 容 简 介

PPT 最根本的目的是展示和说服，无论你的 PPT 画面多精美，动画效果多绚丽，都是为了提高 PPT 的说服力：让老板、客户、大众等对你的 PPT 内容产生肯定的行为。但如何制作有说服力、能吸引眼球的 PPT 确实不易，而我们又时时刻刻要使用它，怎么办？

《让你的 PPT 更有说服力——提升 PPT 竞争力的 55 个关键》一书是在读者已经掌握 PowerPoint 软件基本操作的前提下，从最初构思开始，到素材整理、模板主题和版面规划，到图形、图片、表格等图表元素的应用，再到文字美化及 SmartArt 图形的使用、幻灯片的配色和输出等，给读者灌输一套能制作出精美、有竞争力的 PPT 的思想。

本书内容丰富，案例用图考究，旨在真正让职场人士在接到 PPT 任务时不再盲目，不再停留在总是收集模板，结果自己做出来的 PPT 却"四不像"的阶段。本书适合任何想提高自己 PPT 制作水平的公司员工、教师和学生等学习和参考。

图书在版编目（CIP）数据

让你的PPT更有说服力：提升PPT竞争力的55个关键 /赛贝尔资讯编著. 一北京：清华大学出版社，2016
ISBN 978-7-302-35371-3

I. ①让… II. ①赛… III. ①图形软件－基本知识 IV. ① TP391.41

中国版本图书馆 CIP 数据核字（2014）第 020897 号

责任编辑： 赵洛育
装帧设计： 刘洪利
责任校对： 赵丽杰
责任印制： 李红英

出版发行： 清华大学出版社
　　　　　网　　址： http://www.tup.com.cn，http://www.wqbook.com
　　　　　地　　址： 北京清华大学学研大厦 A 座　　　　**邮　　编：** 100084
　　　　　社 总 机： 010-62770175　　　　　　　　　　　**邮　　购：** 010-62786544
　　　　　投稿与读者服务： 010-62776969，c-service@tup.tsinghua.edu.cn
　　　　　质量反馈： 010-62772015，zhiliang@tup.tsinghua.edu.cn
印 装 者： 北京亿浓世纪彩色印刷有限公司
经　 销： 全国新华书店
开　 本： 180mm×210mm　　　　**印　 张：** 8.5　**插　 页：** 5　　　　**字　 数：** 229 千字
版　 次： 2016 年 6 月第 1 版　　　　**印　 次：** 2016 年 6 月第 1 次印刷
印　 数： 1 ～ 4000
定　 价： 39.80 元

产品编号：051939-01

制作演示文稿的目的是辅助使用者准确传递信息，让观众更简单、直接地接受和理解信息。大家常说 PPT 是工作中沟通的桥梁，为什么这么说？你是否也认同以下观点：

1. 客户永远缺乏耐心，所以他们没有耐心去看长篇大论的文稿。

2. 老板永远没有时间，所以他们没有时间听你唠叨个没完。

3. 观众永远喜新厌旧，所以他们永远不会喜欢满页的文字。

……

PPT 如此重要，但要真正做好它，却不是一件简单的事。正如全球著名的投资商沃尔·巴菲特所说：如果你在错误的路上，奔跑也没有用。这句话告诉我们，动手做一件事之前，认清方向是成功的关键因素。这个观点同时适用于设计 PPT 演示文稿，动手制作之前一定要规划好清晰的思路。例如：

1. 你的幻灯片应用于什么场合？

2. 整理的素材观点鲜明吗？有逻辑性吗？

3. 有好的表现形式吗？

4. 是否具有基本美感？

……

本书主要讲解提升 PPT 竞争力的 55 个关键点，用大量幻灯片作为实例，具有如下几点优势：

- 从 PPT 的结构规划、素材整理讲起，直到完成整体设计，给读者以清晰的思路。

- 理论配合操作，同时不断给读者一些中肯的建议。

- 每个配图都不马虎，做到贴切，反映实际问题。

- 整体美化效果可圈可点。

本书由赛贝尔资讯策划，许艳、邹县芳老师主编，其他参与编写的人员有张发凌、吴祖珍、陈媛、汪洋慧、周倩倩、王正波、沈燕、杨红会、姜楠、朱梦婷、音凤琴、谢黎娟、许琴、吴保琴、毕胜、陈永丽、程亚丽、高亚、胡凤悦、李勇、牛雪晴、彭丹丹、阮厚兵、宋奇枝、王成成、夏慧文、王涛、王鹏程、杨进晋、余曼曼等，在此对他们表示深深的谢意！

许艳，阜阳师范学院美术学院副教授。主要从事平面设计、环境景观设计等方面的教学、科研工作。主持教育部人文社科项目一项、安徽省教育厅人文社科项目一项、校级教研科研课题多项，参与国家社科基金、省部级、市厅级、校级项目十余项。发表二类、三类论文十余篇。

邹县芳，阜阳师范学院讲师，主要从事网络技术研究和开发。主持校级教研项目一项、省级教研课题一项、安徽省高等学校省级优秀青年人才基金一项，参与省部级、厅级、校级教研、科研课题十余项。

说明：为了更好地表达设计思路、设计理念，本书中有些 PPT 图片借鉴了网络上一些优秀设计者发布的 PPT 模板。在此对网络中无私提供优秀 PPT 模板的设计者们表示感谢。

    尽管作者对书中的列举文件精益求精，但疏漏之处仍然在所难免。如果您发现书中存在错误，或不当之处，或者某个图片（图标）侵犯到您的权益，敬请与我们联系（邮箱：huasair@QQ.com），我们将尽快回复，且在本书再次印刷时予以修正。

    另外，网络中有一些优秀的 PPT 网站，为了不断提高自己的 PPT 设计水平，读者除学习本书外，还应充分利用网络，多观察，多思考那些优秀的 PPT，从而激发更多的设计灵感。

    最后，愿每位读者都能乘着"PPT"这艘大船，在人生路上顺利航行。

编者

目 录

Chapter 1

第 1 章

PPT 结构与素材

关键点 1：最实用的结构——总分总

PPT 的结构是指将内容进行有机结合，帮助观众更好地掌握信息的方式。最常见的结构无外乎标题、目录加上大篇幅的内容，这样的演示文稿结构并不能很好地调动观众的兴趣。

怎样才能给人耳目一新的感受呢？

根据长期制作 PPT 及从事 PPT 演示的工作人士的经验总结，制作 PPT 最实用的结构就是总分总结构。所谓总分总结构，简言之就好比议论文的写作，其方法是首先概述要论证的观点，然后分论点详细介绍，最后再加以总结。

总：概述

第一层"总"，用"概述"来解释。一般情况下只有一张幻灯片，分条写，每一条需要用简单并且完整的句子。要提炼、精准，要达到的目的就是需要让观众 1 分钟内就了解整个演示文稿想要表达的内容。

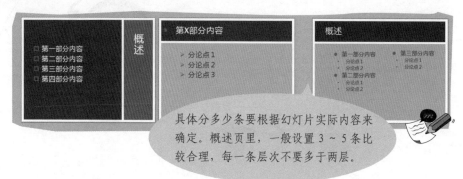

具体分多少条要根据幻灯片实际内容来确定。概述页里，一般设置 3 ~ 5 条比较合理，每一条层次不要多于两层。

大部分人喜欢用提问的方式来写概要，这样更能激发观众的兴趣，但是需要注意下面两点：

一问一答，一一对应

开篇概述时抛出的问题，要在每一部分开始或者结束的时候给出明确答案，这样通篇内容就会呼应起来。在回答问题的同时，使观众抓住演示文稿的重点，更好地接收演示文稿的内容。

注意场合和对象

该方式也不是所有场合都是通用的，要看具体的对象和具体的场合。观众较少或者是公司内部的会议，可以采取这种一问一答的方式，更生动形象，也更能活跃现场气氛。相反，如果人特别多，采用这种方式，反而达不到预期的效果。

分：把分论点制作成页标题

概述是把整个演示文稿总结出来的观点说清楚，那么"分"就是把这个观点分成能够支撑主要论点的多个小论点。

最简单的表达分论点的方法就是把分论点制作成目录与页标题，观众通过浏览目录与页标题，就可以知道演示文稿要表达的主要内容。就算演示文稿有100页，我们也能够快速地了解主要内容，大大提高了工作效率。

　　那么具体如何制作分论点的页标题呢？正确的方法是把章节的信息和本张幻灯片的观点结合起来，章节信息一般就是简单的"章节内容＋页排号"，观点就是针对本张幻灯片总结的一些完整句子，通过两者的有机结合，运用双重标题的形式，即一个简短章节标题，再用一些总结性的观点文字。

直接制作成页标题的范例：

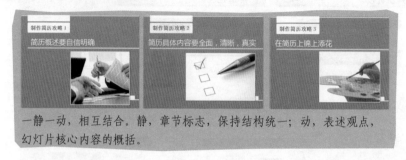

一静一动，相互结合。静，章节标志，保持结构统一；动，表述观点，幻灯片核心内容的概括。

制作成目录加页标题的范例：

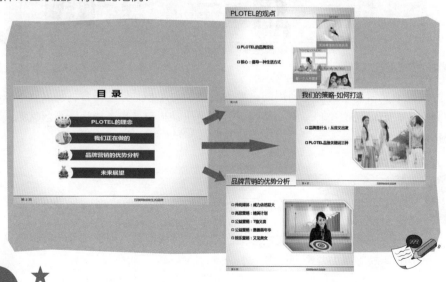

★ 总：总结

　　最后的总结是很重要的一点，演示文稿讲演到最后，观众的注意力会逐步分散，因此接受能力也会明显削弱，所以就更需要总结一下，大家往往最关心的是 PPT 的结论。

那么为什么要求重视 PPT 的结论呢？那是因为 PPT 普遍存在以下几点缺陷：

- 报告时间短，信息密度大。
- 内容需要观众费尽心思去理解。
- 内容更抽象，逻辑性更强。

针对以上几个特点，如果不加以总结，可能整场演示对于观众而言就真成了过眼云烟，最终是没记住、没结论，达不到好的效果。所以说总结概括是很重要的。但是总结并不是指把前面概述里的分论点再重复一遍，这样做是无任何意义的。在总结时，需要达到以下几个目的：

回顾内容　即把前面的内容重新梳理一遍，但是侧重点不同，主要突出每一部分的观点。

整理逻辑　列出结论的同时还需要把观点之间的联系梳理出来，帮助观众去理清逻辑，将传递给观众的信息系统化、逻辑化。

提出最终结论　总结中也需要列出最终结论，最好是能够用一句话来概括整个 PPT，结论必须明确，明确的结论才能得到明确的反馈。

计划下步工作　总结中最重要的是把汇报的东西落实转换在下一步的行动中。只有把计划具体化，才能真正转化为行动。

寻求反馈　总结时，可以把问题发给观众。要把具体的问题罗列清楚，不能只简单地问"可不可以""行不行"。如果答案是否定的，还要尽可能询问一下原因，看看是不是有什么其他的解决方法。

关键点 2：根据演示内容拟好大纲

PPT 演示最终要达到最好的效果，是一个完整、系统的过程，幻灯片设计仅仅是其中一个环节。着手幻灯片设计之前必须先拟好大纲，如当前要做的演示文档是什么类型的，它应该主要包含哪几部分内容等。而且学会拟订大纲，规划主体内容也是一劳永逸的事，因为当后期需要做同类型的演示文稿时就会心中有框，不必手忙脚乱了。

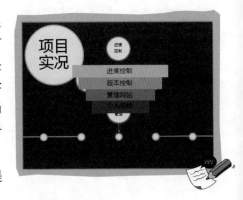

在大部分商业场合都可以直接套用标准商业方案提纲，下面列举了几种典型的商业方案提纲。

年度工作总结

上一阶段工作完成情况	工作创新点和闪光点	存在的问题及对策	下一阶段工作目标

公司介绍

公司概况发展定位	成长历程资质荣誉	产品介绍成功案例	未来规划合作建议

岗位竞聘报告

自我介绍及工作回顾	对竞聘岗位的认识	个人优势	未来工作思路及目标

学习汇报

学习情况总体汇报	学习内容摘要交流	个人心得	落实建议

培训课件

培训主题培养目标	培训纪律考核方法	培训内容	课后练习

立项报告

| 项目背景 | 项目价值分析 | 投入产出分析风险评估 | 实施计划及经费 |

年度工作总结范例:

解决方案范例:

以上都是可以直接应用的,而且是比较规范的商业方案提纲。利用它们可以为制作 PPT 提供正确的大方向,可以根据实际情况增删细节。

另外，在"新建"命令的"可用的模板和主题"栏中，可以搜索更多微软在线商业文案提纲。

例如，展开"计划、评估报告和管理方案"，可以看到给出的模板列表。当然，这些演示文稿的设计效果可能并不令人满意，但是其中列出的整体思路值得借鉴。

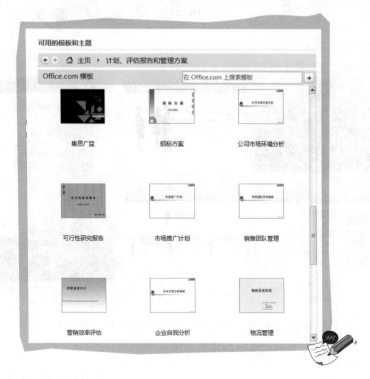

关键点 3：组织材料

制作 PPT 并不是把各种材料直接录入或复制到演示文稿中，简单地去堆积形成幻灯片。想要制作出好的 PPT，组织材料是至关重要的。真正符合构思线索的材料才能成为真正有用的幻灯片的材料。

★ 文字材料要提炼

对于文字材料来说，PPT 不同于 Word，并不是写得越多，幻灯片就越容易被接受和理解。正好相反，往往是写得越多，越发让人找不着重点，出现观众的切入点和你要表达的主要内容不一致的情况，自然达不到预期的演示效果。

所以文字材料需要提炼才能展现精华，好的文字材料经过提炼才能达到预期的效果。

提炼文字材料的基本原则

易懂	提炼的文字材料必须让观众看得明白。
简洁	文字必须简洁、精炼。
适度	观点必须与幻灯片主题以及受众人群吻合。

提炼文字材料的思路

列表化 核心观点用项目编号列表展示。

图表化 用图表表达数据逻辑关系。

图形化 用概念图表达核心观点。

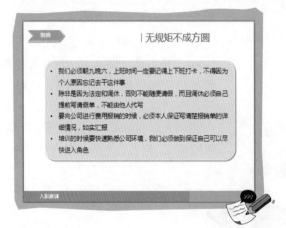

改动前：

- 文字过多且密集。
- 除了文字就是项目符号。
- 逻辑含糊，不易理解，抓不住重点。

改动后：

- 提炼文字准确，归纳观点。
- 利用图示充分展示幻灯片的主题，使幻灯片观点更清晰。

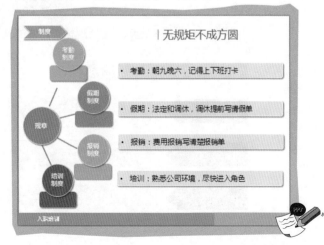

★ 提炼关键字用作标题

　　一个精妙、新颖的主标题绝对不是靠凭空想象得来的，它是需要按系统的步骤提炼关键字一步一步得到的。那么具体如何提炼关键字得到好标题呢？

列出客观关键词

　　客观关键词是指可以概括 PPT 主要内容的词语。那么如何列出客观关键词呢？

> 比如：人一生中，不会做到无时无刻做什么事情都是正确的，人都有犯错的时候，犯错可以，但必须学会如何去进行深刻的自我检讨，这样才能保证在错误中得到教训。

⬇

> 列出的客观关键词：
> 正确；犯错；深刻；自我；检讨；错误；教训

提炼主观关键词

　　主观关键词是指关于人的一些主观看法、情感、精神等的词汇，主观关键词的提炼比较自由，可以包含企业文化、激励标语、奋斗精神等，在切合时宜的情况下，配上这个主观关键词是有必要的。

　　主观关键词可以糅合在一个标题里，使观众不仅了解你要表达什么内容，而且可以接收到表达的心情。首先从客观关键词入手，看可以联想到哪些精彩的题目。然后需要考虑联想出来的题目是否适合当前演示文稿的主题基调。

> "犯错；深刻；自我"

⬇

> "自我省察"
> 同时也符合演示文稿想要表达主题的情绪

★ 内容简单是目标，但句子完整是原则

前面讲解了如何提炼文字作为标题，而对于幻灯片的内容同样是需要提炼的。对于幻灯片内容文字的提炼要遵循一个宗旨：内容简单是目标，但句子完整是原则。

要使用简单且完整的句子，简单是指句式简单、字数较少，但又能清楚地表达观点意思；完整是指一个句子中有一个谓语，能构成一个句子。比如"幻灯片"是一个名词，"制作幻灯片"就加上了谓语，"我在制作幻灯片"就是一个简单完整句。

简单且完整句子的要求

句子结构完整	不是简单靠字数和长度判断，而是一个句子中有一个谓语。
观点明确	不仅陈述事实，还要表达观点，观点最忌讳模糊不清。

幻灯片需要的就是完整的观点，这样才能够让人明白，因此采用简单的、经过提炼的完整短句可以确保观点清晰。因为短语的表达意义有限，有时并不能完整地表达观点与传达信息，而短句则恰恰避免了这一缺陷。

但是能精确到词的尽量精确到词，只要不影响幻灯片的整体表达观点。

短语　　　　　　短句

工程计划	➡	工程计划细致全面
工程进展	➡	实验中收获经验教训
工程检验	➡	工程检验完美通关

所谓内容要逻辑化，简单来说就是你站在观众的角度，你希望先看到什么，后看到什么，重点看什么，最终看什么。内容无逻辑，就像一盘散沙，哪里是你想要的，根本无从知晓。

内容逻辑化的核心方法——金字塔原理

为了使内容逻辑化，可以借助于巴巴拉·明托（Barbara Minto）发明的金字塔原理，金字塔原理旨在阐述写作过程的组织原理，提倡按照读者的阅读习惯改善写作效果。因为主要思想总是从次要思想中概括出来的，文章中所有思想的理想组织结构也就必定是一个金字塔结构——由一个总的思想统领多组思想。在这种金字塔结构中，思想之间的联系方式可以是纵向的，即任何一个层次的思想都是对其下面一个层次上的思想的总结；也可以是横向的，即多个思想因共同组成一个逻辑推断式，而被并列组织在一起。

总之，金字塔原理是针对思路不清的人提出的一种结构化思考的方法。在制作幻灯片过程中依据金字塔原理可以有效解决两个问题：

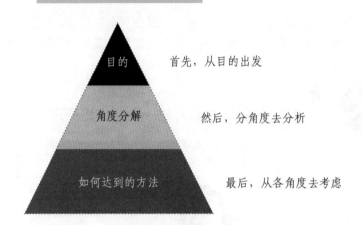

1. 我要表达什么?

2. 我表达得怎么样?

目的　　　首先，从目的出发

角度分解　　然后，分角度去分析

如何达到的方法　　最后，从各角度去考虑

金字塔法则一：学会从结论说起

❶ 封面文字就是整个 PPT 内容的概括。

❷ 如果 PPT 很长，应该有一个内容概括页，把关键内容罗列出来。

❸ 每页 PPT 的大标题就是这一页内容的概括。

❹ 概括的标题不是罗列问题，而是具体的观点意见。

❺ 如果是图表，图表标题要说明数据指示的含义或者趋势。

❻ 如果整个 PPT 谈了几个要点，在转场页前或最后陈述时应该有一个再次总结强调。

❼ 站在观众的角度再思考一遍：

- 是否提出了一个明确的问题或者有价值的假设?

- 是否提供了解决问题的方法或明确提出阻碍解决的现状?

- 是否提供了判断问题成功解决的衡量标准或方法?

金字塔法则二：利用分类方法组织素材

将信息量大的素材经过合理的分类整理后，信息量会增加，记忆难度会下降，这样观众就更易于接受了。所以依据逻辑分类组织出的素材，大脑更容易接受。

建好分类的几项注意：

- 金字塔原理要求符合 MECE 原则：
  - 各部分之间相互独立，同类问题即同级问题，且有明确区分，不会交互覆盖。
  - 所有部分完全穷尽，所有层面问题被全面、周密归类和分层。
- 金字塔结构中任一级别的内容都必须是下级内容的总结。
- 金字塔结构中每一组中的内容都必须属于相同类型。
- 金字塔结构中每一组中的内容都必须按逻辑进行组织。

建立金字塔结构的途径

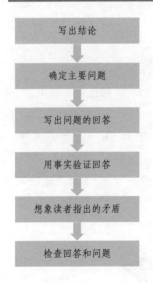

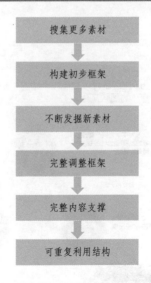

金字塔原理应用于幻灯片的实例

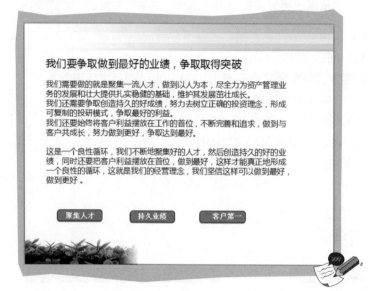

问题：

- 标题没有突出幻灯片主题。
- 文字多且密集，关键信息不突出。
- 仅仅是材料的堆积，看不见思路。

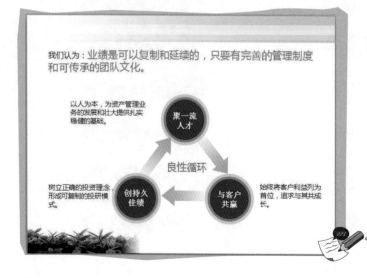

修正：

- 标题列出结论。
- 组织金字塔结构列出要点。
- 具体完善要点，补充完整信息。

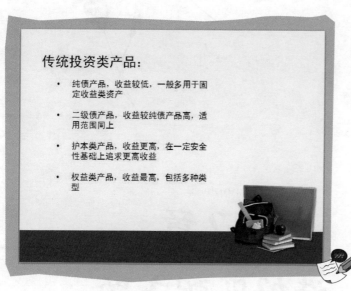

问题：

- 素材组织仅仅是简单的流水账，没有体现相互联系。
- 素材信息不完整，信息呈现模糊。

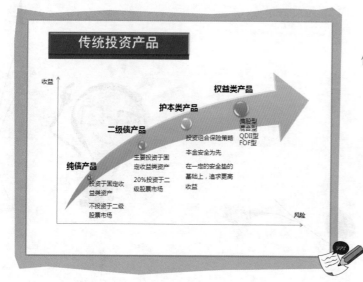

修正：

- 按收益顺序组织金字塔结构。
- 利用坐标轴呈上升趋势表现各种产品特点。
- 围绕各个产品完善详细信息。

Chapter 2

第2章

选好匹配主题

制作演示文稿时，使用主题是一个好习惯。必须基于演示文稿的内容，搭配合适的主题，才能使幻灯片效果更出彩。如果乱用主题，使用不当，则会使幻灯片不协调，使观众不感兴趣。

在功能区的"设计"选项卡的"主题"选项组中，单击 ▾ 按钮可展开主题列表。

PowerPoint 内置主题效果并不是很好，现在设计的 PPT 对视觉化的要求越来越高，因此一般很少人使用它们。但是，对于已经设计好的主题可以保存到此位置，方便以后套用。

为有更多适合的选择，可以去各大网站下载丰富主题资源，但是必须要遵循主题与讲演内容相匹配这一原则。

　　根据讲演内容，一般可以将模板种类分为以下几种。

工作总结、汇报 PPT 的模板选择

　　日常生活中，有无数个工作、学习需要总结，比如年终总结、项目总结、活动总结、课题总结、学习总结。有工作的就需要有总结，当然就需要汇报。工作汇报总结中，PPT 自然充分发挥着汇的作用。例如政府部门、大中型企业、公共事业单位等经常用到工作报告。

　　工作型的 PPT 模板，一般选择色彩比较传统的颜色，虽然有些俗套，但一般不会出错。因为工作汇报 PPT 的内容比较复杂，所以一般都是由色块、线条以及简单点缀图案组成。部分领导也喜欢有一些亮光之类的点缀，放置内容的空间尽量开阔。

企业宣传 PPT 的模板选择

　　企业宣传PPT是企业形象识别系统的重要组成部分之一，代表了一个公司的实力、文化和品牌，要与企业主题色、主题字、画册、网页等保持一致，制作要精美、细致。

制作企业宣传 PPT，除了将企业文化展示之外，还要与企业的文化、主题色保持一致，这样，选择模板的时候，除了选择合适的模板，还要注意主题颜色的搭配。

项目演讲 PPT 的模板选择

制作项目演讲类 PPT 的时候需要注意的是：针对专业人士，可以只使用文字说明；但针对非专业人士，不仅需要列出观点，还要配合图像、图形等让观点更加显而易见。

所以在选择模板的时候，就需要根据观众群，选择适合文字说明还是图片展示的模板，以便达到最好的演讲效果。

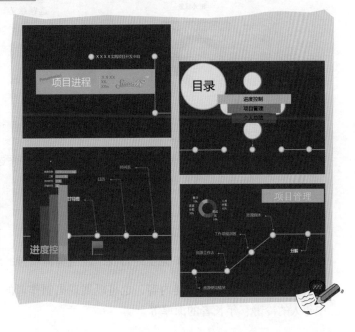

课件PPT的模板选择

基本上，所有的大小型企业，在入职或者工作期间都会有许多形式多样的培训，多数都是以讲解形式出现的。但是到目前为止，被培训者的感受始终是辛苦、无聊、烦闷的。怎样改变这一现状呢？一份精美的PPT在视觉上可以很大程度地减少这样的负面效果。

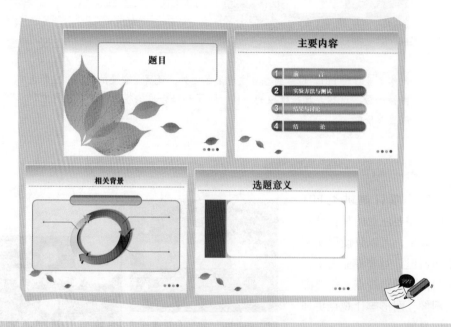

课件、培训类的PPT往往会给人烦躁的感觉，因此除了让内容更加精彩外，在模板的选择上，需要以一些画面精美、色彩丰富、背景多变的模板来制作。

竞聘或个人简介PPT的模板选择

竞聘或个人简介的PPT完全是自我个性与集体精神的结合体。

画面展现的往往不仅是内容，也可以展现出制作者的个性，比如年轻人的活泼、中年人的冷静、年长者的深厚等。

可以根据自己的特长选择适合自己风格的模板。

娱乐 PPT 的模板选择

时下，PPT 已经不仅仅为电子商务所用，休闲娱乐类也渐渐喜欢上了 PPT，比如游戏、故事、哲理短片、动作影片、音乐动画等都出现了五彩缤纷的优秀作品。

与 Flash、视频作品相比，我们倡导简单、有趣、轻松又不低俗的 PPT 休闲作品，便于白领、商务人士之间的分享和传播。所以选择的模板最好是画面精美、生动、有趣味的。

关键点 6: 更换主题字体与颜色

在制作演示文稿的实际过程中，我们了解到，并不是所有主题都刚好符合当前应用环境。例如，主题的字体或者颜色不符合我们的需要，这时就需根据实际情况灵活地更换主题的字体和颜色。

轻松更换主题颜色

在功能区"设计"选项卡的"主题"选项组中，单击"颜色"下拉按钮，即可在打开的下拉列表中选择，鼠标指向颜色示例即可预览改变后的幻灯片主题颜色样式，确定颜色方案后单击即可应用。

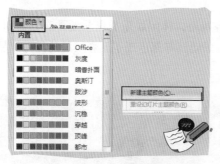

如果不满意内置的颜色方案，选择"颜色"下拉列表中的"新建主题颜色"命令，打开"新建主题颜色"对话框，可以自定义设置主题颜色，且在右侧的"示例"栏中看到可视化的反馈效果，确定方案后，命名保存即可。

通过单击右侧下拉按钮设置主题颜色

设置保存名称

如果不具备专业的设计素养，不建议自定义主题颜色，在内置的主题颜色列表中选择即可。

原主题颜色：　　　　　　　　　　　　修改主题颜色后效果：

　　轻松更换主题字体

　　在功能区"设计"选项卡的"主题"选项组中，单击"字体"下拉按钮，即可在打开的下拉列表中选择，鼠标指向字体示例即可预览改变后的幻灯片主题字体样式，确定字体方案后单击即可应用。

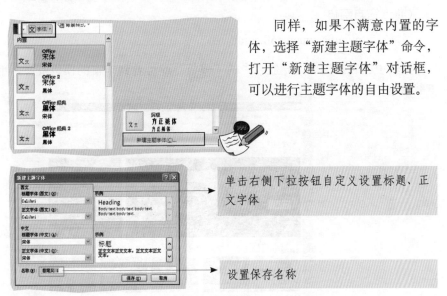

　　同样，如果不满意内置的字体，选择"新建主题字体"命令，打开"新建主题字体"对话框，可以进行主题字体的自由设置。

单击右侧下拉按钮自定义设置标题、正文字体

设置保存名称

原主题字体：　　　　　　　　　　修改主题字体后效果：

关键点 7：下载模板（主题）的好去处

　　如何去搜集更多好的模板（主题）呢？网络上提供了大量精美的模板（主题），可以下载这些资源，作为制作演示文稿的素材。下面就来介绍一些比较常用的下载模板（主题）的 PPT 专业网站。

Office 官方网站

网址：http://office.microsoft.com/

　　微软中国官网，单击导航栏中的"模板"即可看到丰富的模板资源，用户可以下载使用。

WPS 官方网站

网址：http://docer.wps.com/

国产 Office 软件的领头羊，官方网站上提供丰富的资源供大家下载。

锐普 PPT

网址：http://www.rapidbbs.cn/

国内最大的 PPT 资源分享网站之一，各种素材、图示、模板、教程、工具软件应有尽有。单击导航栏中的"PPT 模板"即可看到大量模板资源，这些优秀模板资源基本是需要付费使用的。

扑奔 PPT

网址：http://www.pooban.com/

国内最专业的 PPT 技术交流及 PPT 模板下载社区，单击导航栏中的"PPT 模板"即可看到大量精美的 PPT 模板，用户可以免费下载使用。

关键点 8：幻灯片主题背景可以自定义

幻灯片的主题背景可以自定义设置效果，如渐变填充效果、图案填充效果、图片填充效果等。

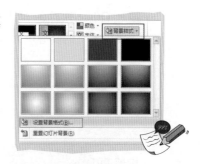

选中幻灯片（如果是统一设置所有幻灯片的背景，需要进入母版中操作），在"设计"选项卡的"背景"选项组下单击"背景样式"按钮，在展开的下拉列表中有几种预设的背景样式可以选择。

在"背景样式"按钮的下拉列表中选择"设置背景格式"命令，打开"设置背景格式"对话框，即可进行更多背景填充效果的设置，包括纯色、渐变、图片、纹理、图案几个选项。

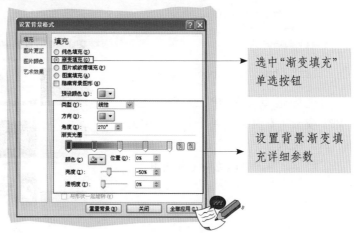

选中"渐变填充"单选按钮

设置背景渐变填充详细参数

渐变填充效果：

选中"图片或纹理填充"单选按钮

单击"文件"按钮，打开"插入图片"对话框，找到合适图片所在路径并选中，单击"插入"按钮即可

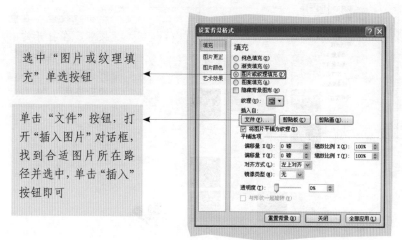

图片填充效果：

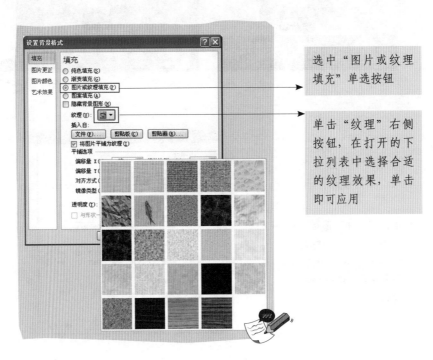

选中"图片或纹理填充"单选按钮

单击"纹理"右侧按钮，在打开的下拉列表中选择合适的纹理效果，单击即可应用纹理填充效果：

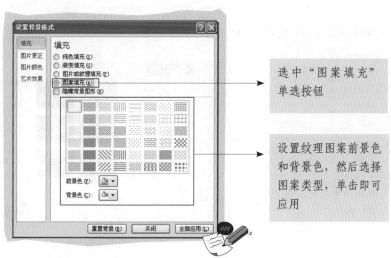

选中"图案填充"
单选按钮

设置纹理图案前景色
和背景色，然后选择
图案类型，单击即可
应用

图案填充效果：

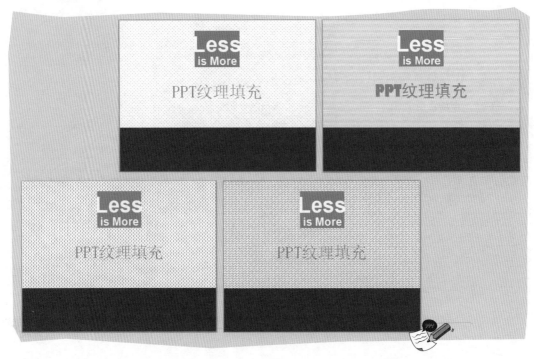

如果对幻灯片主题背景修改不满意，可以还原背景。

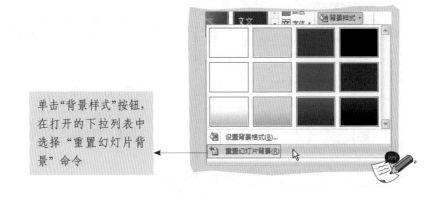

单击"背景样式"按钮，
在打开的下拉列表中
选择"重置幻灯片背
景"命令

直接下载的主题往往不能完全满足实际操作的需要，所以需要学会修改或者设计主题，达到我们的实际要求。可以在下载的原主题基础上添加一些元素，使其达到我们需要的状态，设计完成后，还可以保存为内置主题，方便以后再利用。

 修改设计主题

在"视图"选项卡的"母版视图"选项组中单击"幻灯片母版"按钮，进入母版视图中。

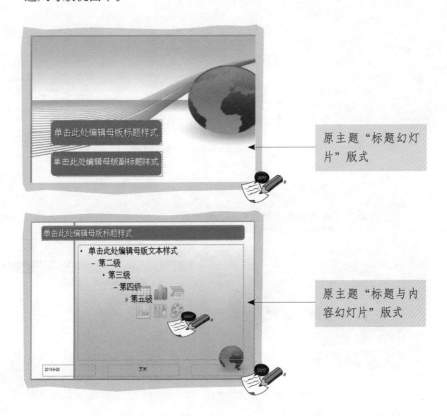

原主题"标题幻灯片"版式

原主题"标题与内容幻灯片"版式

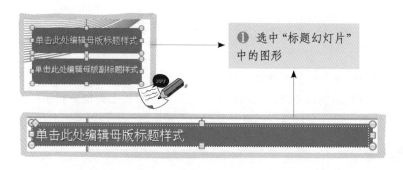

① 选中"标题幻灯片"中的图形

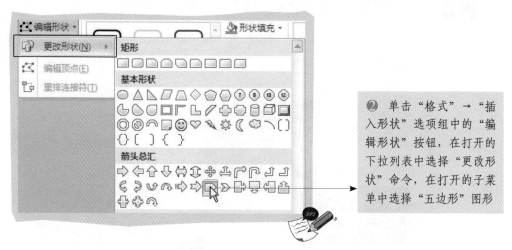

② 单击"格式"→"插入形状"选项组中的"编辑形状"按钮,在打开的下拉列表中选择"更改形状"命令,在打开的子菜单中选择"五边形"图形

更改了原主题内的自选图形填充颜色和形状

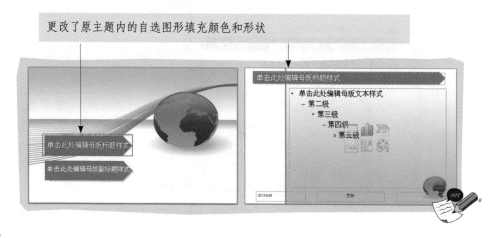

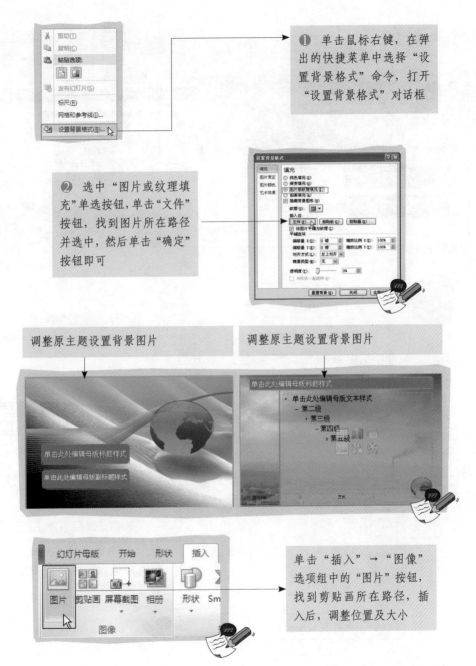

① 单击鼠标右键，在弹出的快捷菜单中选择"设置背景格式"命令，打开"设置背景格式"对话框

② 选中"图片或纹理填充"单选按钮，单击"文件"按钮，找到图片所在路径并选中，然后单击"确定"按钮即可

调整原主题设置背景图片

调整原主题设置背景图片

单击"插入"→"图像"选项组中的"图片"按钮，找到剪贴画所在路径，插入后，调整位置及大小

为原主题添加剪贴画

为原主题添加剪贴画

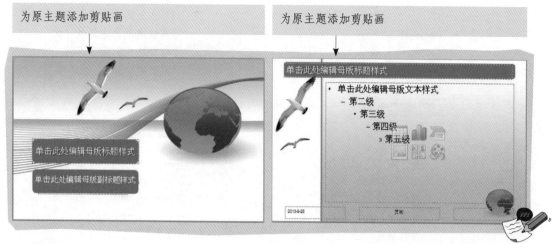

保存主题为内置主题

在"设计"选项卡的"主题"选项组中单击"其他"按钮，在打开的下拉列表中选择"保存当前主题"命令。

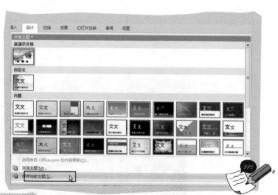

选择"保存当前主题"命令后，打开"保存当前主题"对话框，可以自定义设置保存文件名，单击"保存"按钮保存。

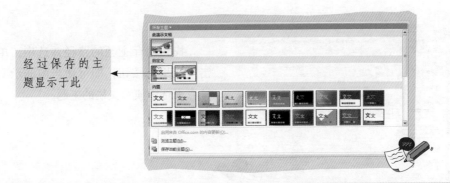

经过保存的主
题显示于此

保存主题的时候不要改变保存位置，否则在"自定义"列表中将找不到所保存的主题。

 新建演示文稿应用其他演示文稿主题

　　新建幻灯片时，如果想使用本机中已经保存的某个演示文稿的主题，也可以快速地应用。

　　在"设计"选项卡的"主题"选项组中单击右侧的▾按钮，展开主题列表，选择"浏览主题"命令，打开"选择主题或主题文档"对话框。

找到保存主题的路径并选中，单击"应用"按钮，即可让当前演示文稿应用选中演示文稿的主题。

关键点 10: 学会修改或设计模板

对于直接下载的模板，也可以在原有的基础上进行修改或者设计，按照自己的意愿自定义设计需要的模板。模板一般包括标题页、目录页、转场页和内容页，可以在母版视图中设计占位符以达到需要的效果。

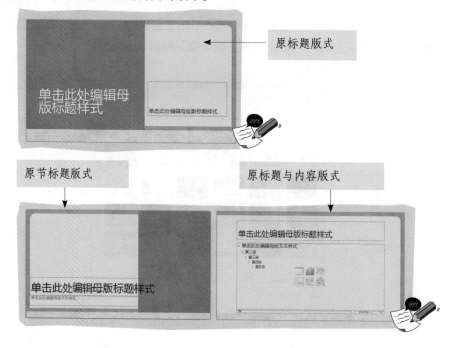

原标题版式

原节标题版式

原标题与内容版式

设计标题页

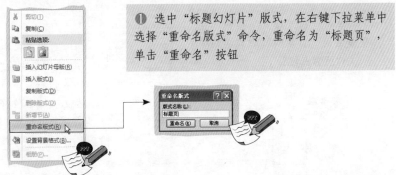

① 选中"标题幻灯片"版式，在右键下拉菜单中选择"重命名版式"命令，重命名为"标题页"，单击"重命名"按钮

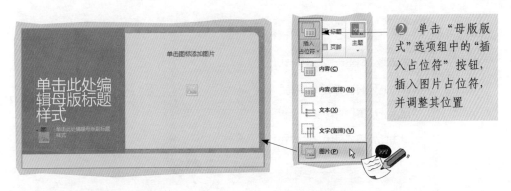

② 单击"母版版式"选项组中的"插入占位符"按钮，插入图片占位符，并调整其位置

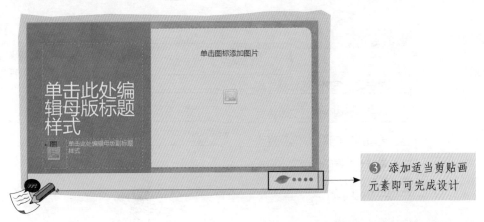

③ 添加适当剪贴画元素即可完成设计

★ 设计目录页

① 单击"插入版式"按钮，并重命名为"目录页"版式，删除版式内所有占位符

② 单击"母版版式"选项组中的"插入占位符"按钮，插入文本占位符，并调整其位置

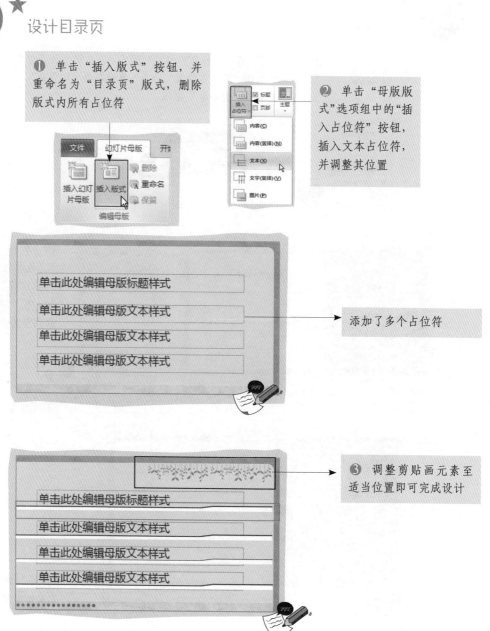

添加了多个占位符

③ 调整剪贴画元素至适当位置即可完成设计

设计转场页、内容页

按相同操作步骤，设计转场页版式和内容页版式。

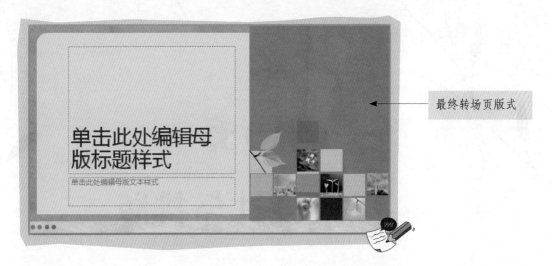

最终转场页版式

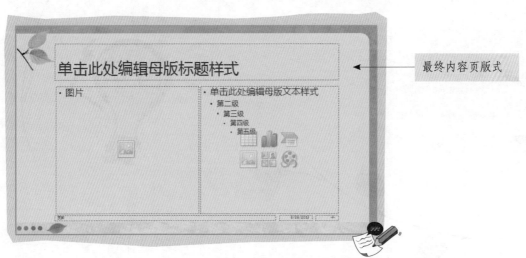

最终内容页版式

Chapter 3

第 3 章

版式设计与排版

版式设计，顾名思义，是指在版面上将多种形式的元素进行有机的排列组合。在生活中，随处可见优秀的排版和设计，比如高速公路的广告牌，商场的巨幅广告，电影、电视的宣传海报等。正因为版式设计的优秀，才能引起人们的注意，让人们去发现它们。

生活中处处需要这样的吸引力，马路上的指示牌需要版式设计，杂志需要版式设计，同样 PPT 也需要优秀的版式设计。那究竟什么样的版式设计才能吸引人们的注意呢？首先需要遵守版式设计的几个重要原则，使用正确的方法和原则，最终的版式效果至少不会偏离正确方向；反之使用不当或者是滥用，最终会适得其反。

★ 统一原则

完整的幻灯片是一个整体。在幻灯片中表现信息的手法要保持一致，否则有可能达不到预期的演示效果。

最令观众头疼的幻灯片：

- 每次幻灯片换页的方式都在变化；
- 每页幻灯片的字体都不一样；
- 同样级别的标题或段落字体大小不一样；
- 标题和段落没有对齐；
- 喜欢把每种对齐方式都用一次；
- 太多的项目符号；
- 喜欢用很多种颜色；
- 使用很多不同风格的模板到一个 PPT 中。

整个演示文稿文字的色彩、样式、字号和效果应该保持统一，才会让内容看起来协调，也才符合人们的视觉习惯。整体主题风格的统一使观众更容易将关注点放在演示文稿的内容本身上，而不是关注与统一风格格格不入的干扰元素。

你需要的解决方案是：

- 不要过度使用换页动画；
- 如果无助于展示主题，不推荐使用动画；
- 统一设计 PPT 模板，体现企业 CI；
- 统一标题文字字号、字体、色彩；
- 统一正文文字字号、字体、色彩；
- 统一正文的项目符号大小、色彩和图案；
- 统一整套 PPT 的主色调；
- 使用风格统一的模板。

统一风格的幻灯片范例：

 ★ 保持简洁，适当留白

简单的幻灯片有助于引导观众看到你期望的东西，幻灯片放映时，越简洁的幻灯片，越容易使观众集中注意力，而不会因为过多元素忽略你期望他看到的结果。因为 PPT 毕竟跟 Word 不同，能够提炼的内容就提炼，不能浓缩就缩小字号，让留白多出来，让眼睛得到休息，让大脑有思考的空间。

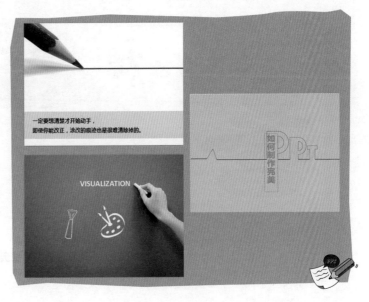

★ 文字才是幻灯片的重点

制作幻灯片时千万要注意，有逻辑性的、能表达观点的文字才是幻灯片的重点。图片、图形之类都是为了衬托文字，提示整体页面的可视效果，让讲演效果更出众。所以需要选择配合文字的修饰，否则会混淆观众的视线。

幻灯片中的文字是为了让观众更容易理解内容，能够快速阐明主题。如果文字内容被设计得很美观，又能起到加深印象的作用。

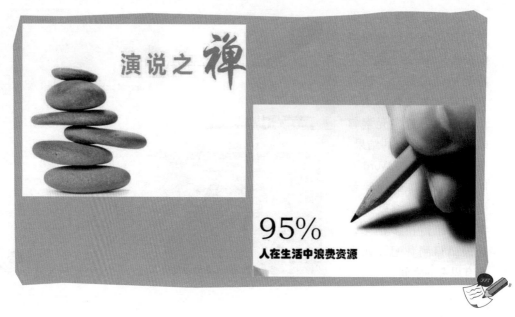

★ 止于至善

《礼记·大学》中有提到"止于至善"这个词，是指做事需要恰到好处，适可而止。同样，对于幻灯片的版式设计也是如此，做到适当的程度就可以，不能因为想要面面俱到就拼命地填充，这样反而会分散别人的注意力，得到负面效果。

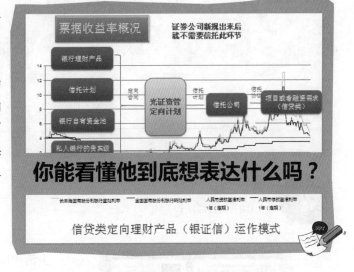

你能看懂他到底想表达什么吗？

信贷类定向理财产品（银证信）运作模式

★ 少用特效

相对于专业的动画或者艺术字特效制作者来说，我们的功力远远不够。所以尽量少用过于艺术化的字体和动画，不专业的动画或艺术字只会成为负担，给幻灯片减分。

你愿意欣赏这样的幻灯片吗？

如果想用艺术字，记住，好的艺术字效果往往是一个字一个字设计出来的。

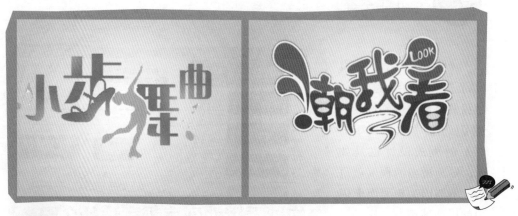

高像素图片

生活中随处可见的广告牌、杂志以及图书上都是图像清晰、画面优美的图片，正因如此，人们才会去注意这些，才会被吸引。同样幻灯片中图片的使用频率非常高，而且还需要使用高像素的、与演讲主题匹配且能说明问题的图片，质量粗糙、模糊不清、低分辨率的图片会使 PPT 整体效果大打折扣，也不符合完美 PPT 的使用标准。

图片在 PPT 中无时无刻不存在，它是提升 PPT 可视化效果的必备元素。

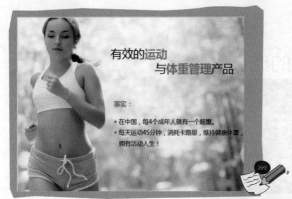

JPG 格式的图片背景

多图片的创意组合

JPG 格式趣味创意图片

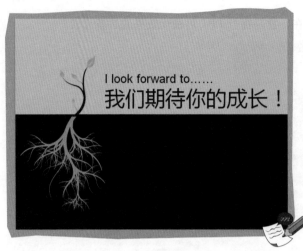

PNG 格式图片与背景很好融合。

PNG 是一种较新的图像文件格式。具有清晰度高、文件小、背景透明，能与背景很好融合的特点。PNG 图片与 PPT 风格较接近，作为 PPT 里的点缀素材，很形象，很好用。

幻灯片图片类型、色彩要统一

整套幻灯片的图片类型以及色彩色调保持统一，幻灯片的效果会更好，符合视觉偏好协调的习惯。如果突然跃进观众视线中一抹突兀，观众的关注点就会移到突兀的地方，而忽略幻灯片本身想要表达的主要内容。

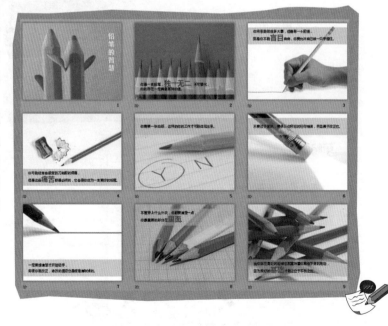

寻找图片资源

网络上提供了大量的图片资源,下面提供几个比较不错的网站和大家分享。

站酷(ZCOOL)

网址:http://www.zcool.com.cn/

专业完美的素材下载与设计分享网站,提供矢量素材、PSD分层素材、图标素材、高清图片、原创作品等内容。前沿时尚的设计风格、日韩欧美设计素材应有尽有。

昵图网

网址:http://www.nipic.com/

以"共享创造价值"为口号,专业的素材设计共享平台。提供大量素材,包括图库、摄影、矢量、设计等。因为是资源共享和交易平台,这里的素材都需要共享分或者"昵币",经典的设计素材还需要充值购买。

素材中国

网址：http://www.sccnn.com/

提供各类设计素材的收集下载，包括图片、素材、壁纸、矢量图、动画素材等。素材中国手机很多商业广告的源文件（PSD、CDR、AI），部分资源需要收取一定费用（点数）。

别忽视剪贴画

在安装 Microsoft Office 软件时，就安装了一个大型的剪贴画图库，它可以方便用户快捷搜索到符合要求的小图标、大图、PNG 图，甚至是同一风格的套图，因此可以合理利用这一资源。

要浏览可用的剪贴画，单击"插入"选项卡的"图像"选项组中的"剪贴画"按钮，即可打开右侧"剪贴画"窗格。

使用搜索框来查找插图。可将缩略图拖放到幻灯片上或单击剪贴画缩略图，从而将它插入到幻灯片中。

★ **多张图片要注意组合与排列**

如果有多张图片放在同一个页面上，要注意图片的组合和排列，不能随意摆放，否则会影响幻灯片的视觉效果。

调整前：　　　　　　　　调整后：

关键点 12：母版发挥的重要作用

幻灯片母版是指存储有关应用的设计模板信息的幻灯片，包括字形、占位符大小或位置、背景设计和配色方案。

可以对幻灯片母版进行全局更改，如设置版式字体、定制项目符号、添加LOGO标志、添加页脚并使该更改应用到演示文稿中的所有幻灯片。

单击"视图"选项卡的"母版视图"选项组中的"幻灯片母版"按钮，即可进入母版视图，可以看到幻灯片版式、占位符等。

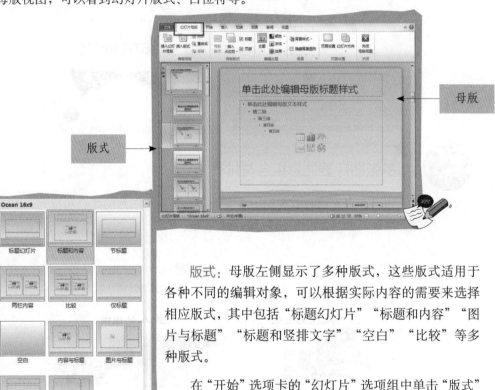

版式：母版左侧显示了多种版式，这些版式适用于各种不同的编辑对象，可以根据实际内容的需要来选择相应版式，其中包括"标题幻灯片""标题和内容""图片与标题""标题和竖排文字""空白""比较"等多种版式。

在"开始"选项卡的"幻灯片"选项组中单击"版式"按钮，可以显示出程序默认的11种版式。

当新建幻灯片时，可以选择需要的版式，或者新建后，在幻灯片缩略图上单击鼠标右键，在弹出的快捷菜单中选择"版式"命令，在打开的列表中选择需要更改的版式。

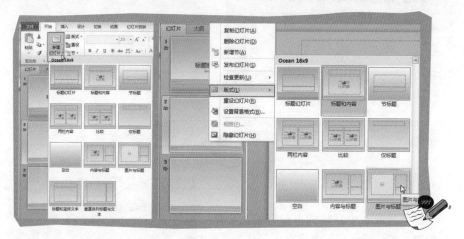

选择版式应用于幻灯片的效果：

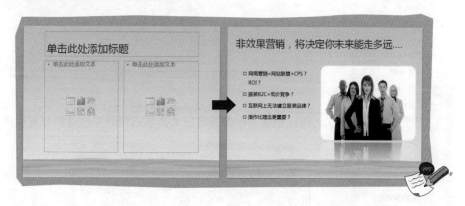

占位符：一种带有虚线或阴影线边缘的框，绝大部分幻灯片版式中都有这种框，在这些框内可以放置标题及正文，或者是图表、表格和图片等对象，并规定了这些内容默认放置在幻灯片上的位置和面积。不同的版式对应的占位符有所不同，例如，如下版式共包含三种占位符。

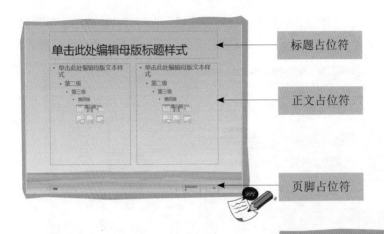

幻灯片版式中默认的占位符的大小以及位置，都是可以根据需要自由调整的。

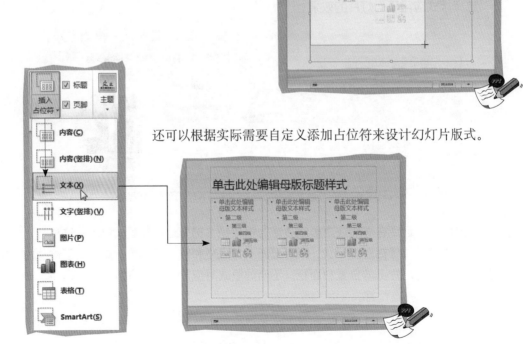

还可以根据实际需要自定义添加占位符来设计幻灯片版式。

利用母版统一版式字体

幻灯片具有统一的字体格式（占位符中的文本），如果想重新更改统一的版式字体，可以进入母版中去操作。

选中占位符中的文字，在"开始"选项卡的"字体"选项组中重新设置文字格式。设置完成退出母版后，所有应用同一版式的幻灯片中的文字格式会统一进行更改。

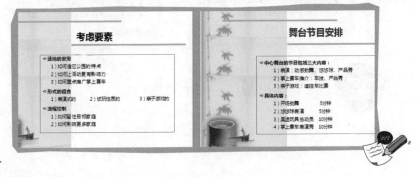

利用母版统一定制文本项目符号

幻灯片中的文本可以分级别显示，而不同的级别有默认的项目符号，如果默认的项目符号不美观，可以进入母版中进行统一定制。

进入母版版式中，选中文本，然后单击"开始"选项卡的"段落"选项组中的"项目符号"按钮，在打开的下拉列表中选择合适的项目符号单击即可应用。

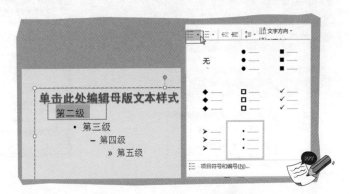

设置统一项目符号后的效果：

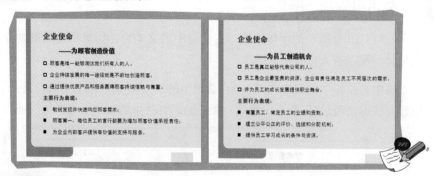

 ★ 利用母版统一添加页脚信息

进入母版视图中，在页脚占位符中可添加页脚信息，还可以进行个性化的设置，关闭母版视图后即可看到添加的统一页脚信息效果。

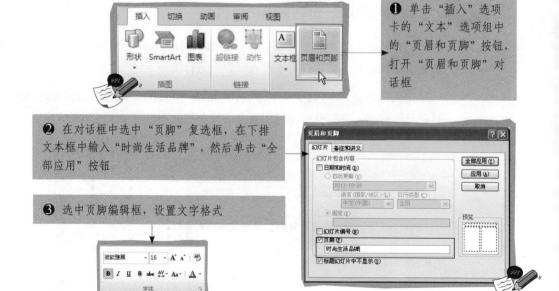

❶ 单击"插入"选项卡的"文本"选项组中的"页眉和页脚"按钮，打开"页眉和页脚"对话框

❷ 在对话框中选中"页脚"复选框，在下排文本框中输入"时尚生活品牌"，然后单击"全部应用"按钮

❸ 选中页脚编辑框，设置文字格式

设置完页脚文字格式后的幻灯片效果：

★
利用母版统一添加 LOGO 标志

如果每张幻灯片都需要统一的 LOGO 标志，可以进入母版中拖入 LOGO 图片，然后对图片格式进行编辑修改，设置完成后退出母版，即可看到统一添加后效果。

❶ 在幻灯片母版中选中版式，单击"插入"选项卡的"图像"选项组中的"图片"按钮

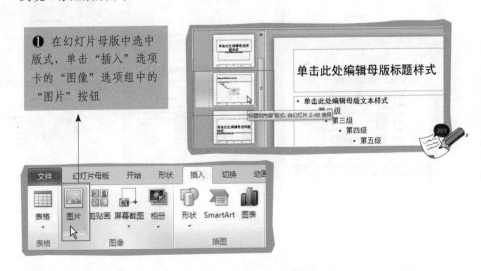

❷ 在打开的"插入图片"对话框中找到LOGO图片所在路径并选中,单击"插入"按钮即可

设置统一 LOGO 后的效果:

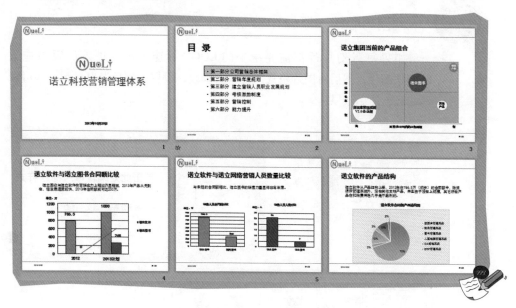

关键点 13： 借助母版自定义版式

★ 设计需要的幻灯片版式

新建幻灯片时，程序提供有 11 种版式供选择使用，但在实际工作中，需要展现的内容形式各种各样，往往默认的版式列表无法满足排版所需。这时就可以借助母版自定义版式，例如可以分别建立一个演示文稿中的标题页、目录页、内容页的版式。

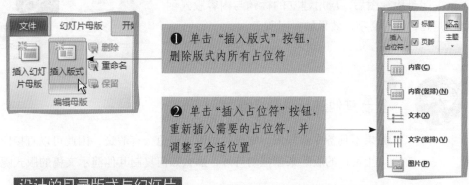

❶ 单击"插入版式"按钮，删除版式内所有占位符

❷ 单击"插入占位符"按钮，重新插入需要的占位符，并调整至合适位置

设计的目录版式与幻灯片

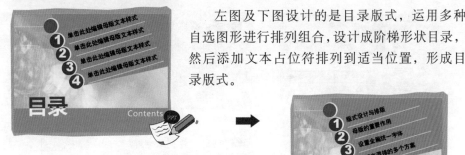

左图及下图设计的是目录版式，运用多种自选图形进行排列组合，设计成阶梯形状目录，然后添加文本占位符排列到适当位置，形成目录版式。

关闭母版视图后，应用建立的目录页版式创建幻灯片，编辑文字，效果如右图所示。

设计的标题与内容版式与幻灯片

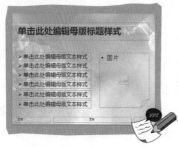

左图及下图设计的是标题与内容版式，上方为标题文字占位符，左侧为多条文本占位符左对齐，且添加项目符号。右侧为图片占位符，且设置其形状效果。

关闭母版视图后，应用建立的标题与内容版式创建幻灯片，编辑文字，效果如右图所示。

 ★

复制其他演示文稿的版式

如果不具备专业知识，则设计的版式难免会有瑕疵，因此可以直接应用专业人士设计的版式来创建幻灯片，那么如何复制其他演示文稿的版式呢？

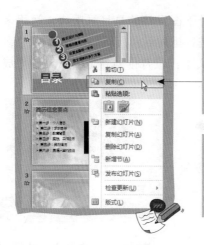

❶ 选中需要复制的版式，单击鼠标右键，在弹出的快捷菜单中选择"复制"命令

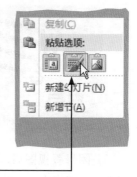

❷ 在幻灯片列表栏单击鼠标右键，在弹出的快捷菜单中选择"保留源格式"命令

复制完成后，在幻灯片页面上单击鼠标右键，在弹出的快捷菜单中选择"版式"命令，在打开的子菜单中即可看到复制来的版式，选择复制过来的版式应用即可。

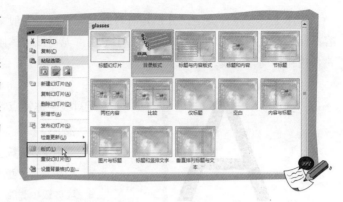

关键点 14：适合幻灯片的中文与西文字体

幻灯片的字体类型有多种，如中文字体、西文字体等。为不同类型幻灯片设置不同的字体可以给人带来不同的视觉效果。

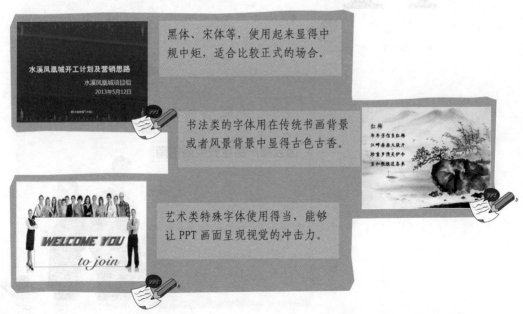

黑体、宋体等，使用起来显得中规中矩，适合比较正式的场合。

书法类的字体用在传统书画背景或者风景背景中显得古色古香。

艺术类特殊字体使用得当，能够让 PPT 画面呈现视觉的冲击力。

字体主要有两种类型，分别是有衬线和无衬线。一般来说，有衬线字体让观众更容易阅读，它们在大笔画的末端都有小笔画。无衬线字体则具有清晰的样式，并且通常使用粗细均匀的线。

无衬线字体特点：

- 提供较多可选择的字体。
- 通常更受传统主义者欢迎。
- 为在屏幕上使用而进行过优化。
- 字体较小时阅读更方便。

有衬线字体特点：

- 打印时更容易阅读。
- 原型是手写文字和打印印刷文字。
- 可能存在字体粗细的问题。
- 通常可以将更多文字压缩到较小的空间里。

很多 PPT 中需要用到英文字体，好看的中文字体有时候并不能很好地支持英文，而很多人为了方便，直接套用中文字体来显示英文字母，这样的效果就很差，选择好看的英文字体也能起到美化幻灯片的作用。

在选择字体的时候需要记牢一点：设计的 PPT 文稿是要显示在屏幕上给大家观看的。所以，需要测试字体，看看它们在计算机上显示时的外观。如果字体太复杂或者有太多精细的衬线，可能需要删除它们。标题页面可以使用比较特别的显示字体，但应该选择清晰的正文字体用于项目符号文本和非标题文字。

关键点 15：设置全篇统一的字体

如果整个PPT文稿是在主题的基础上创建的（文本都输入到占位符中），那么想更改文字就十分简单。更改文字的方法不止一种，我们来详细了解如何更改全篇文字。

 ★
在PPT母版中修改字体

单击"视图"选项卡的"母版视图"选项组中的"幻灯片母版"按钮，进入母版视图。单击即可选中左侧缩略图中的版式。

选中需要更改字体的文字部分，将会出现一个小的编辑工具栏，可以编辑修改文字的字体、大小、颜色等属性。

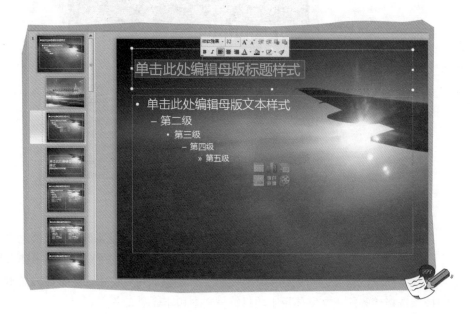

★ 通过主题字体修改字体

　　单击"设计"选项卡的"主题"选项组中的 "字体"按钮，在打开的下拉列表中选择更改使用的字体，鼠标指向时即可在主幻灯片中进行即时预览。

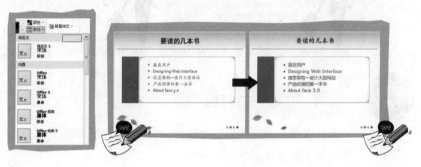

★ 通过替换字体一次性设置所有文本框中的字体

　　上面提到的方法只适应于在默认占位符中输入文本时字体的统一设置。如果在编辑幻灯片时删除了默认占位符，那么可以使用替换字体的方法一次性设置所有文本框中的字体。

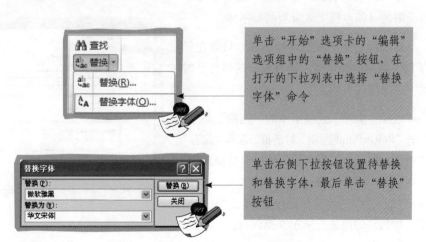

单击"开始"选项卡的"编辑"选项组中的"替换"按钮，在打开的下拉列表中选择"替换字体"命令

单击右侧下拉按钮设置待替换和替换字体，最后单击"替换"按钮

★

保存PPT时一并打包字体

在打开别人共享的演示文稿时,可能会遇到这种情况: 双击打开演示文稿,会弹出如下的提示对话框。

提示无法编辑此演示文稿,因为里面包含受限制(即本机上未安装的)字体。

那如何避免出现这种问题呢? 只需在保存PPT的同时将字体一同打包,这样打开时就不会出现这种问题了。

选择"文件"选项卡中的"选项"命令,打开"PowerPoint选项"对话框,选择"保存"选项卡,在"共享此演示文稿时保持保真度"栏中选中"将字体嵌入文件"复选框,然后选中"嵌入所有字符"单选按钮,最后单击"确定"按钮,即可进行演示文稿保存。

关键点 16：下载并安装好字体

如何下载字体

如何去获得更多需要的字体呢？有很多字体网站可以选择，下面列举一些可以下载获取字体资源的网站。

找字网

网址：http://www.zhaozi.cn/

字体之家

网址：http://www.homefont.cn/

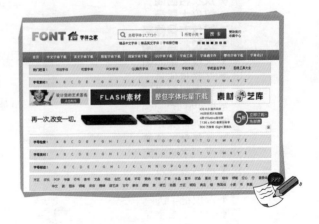

如何安装字体

字体下载以后，要进行安装，才可以正常地使用。具体安装步骤如下：

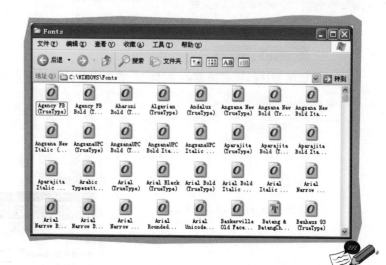

步骤 1：打开"本地磁盘（C 盘）"中的 WINDOWS 文件夹，选择 Fonts 文件夹打开，其中是已经安装好的字体。

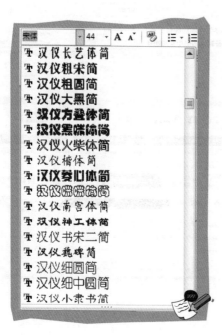

步骤 2：在上面提供的网站上下载字体到计算机上，会得到后缀为 .TTF、.FON 或者 .TTC 的字体文件。

步骤 3：选中并复制下载的字体，至 C:\WINDOWS\Fonts 文件夹。

步骤 4：重新启动 PowerPoint 软件即可使用新安装的字体。

关键点 17：提高文字可读性的多个方案

文字是幻灯片表达核心内容的重要载体，所以制作幻灯片时需要尽可能地提高文字的可读性，让观众了解想要传达的中心内容。下面介绍多个提高文字可读性的可行性方案。

 ★ 重要文字要强化

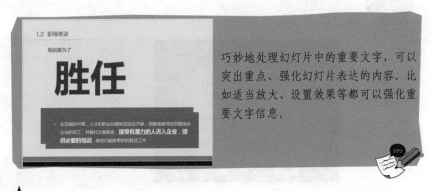

巧妙地处理幻灯片中的重要文字，可以突出重点、强化幻灯片表达的内容。比如适当放大、设置效果等都可以强化重要文字信息。

 ★ 对齐方式要符合视觉习惯

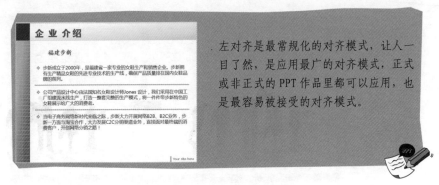

左对齐是最常规化的对齐模式，让人一目了然，是应用最广的对齐模式，正式或非正式的 PPT 作品里都可以应用，也是最容易被接受的对齐模式。

右对齐的方式较独特，能增强内容之间的关联性。人们的视线由左向右看，在视线还在左侧时，往往会感到几个对象在右侧是连为一体的，强化对象间的关联感，常用于主标题和副标题之间。

 ★ 合理断句

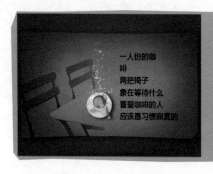

幻灯片中的文字使用要注意，如果词组在句末，尽量不要断词。比如不能把"一个人的咖啡"断句成"一个人的咖"和"啡"，这显然不适合。

该分段的分段，让阅读更清晰。

★ 项目符号使用要合理

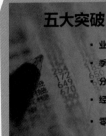

项目符号必须简洁清晰，避免混乱的逻辑。从观众的角度出发，可以创建便于观众记忆的符号。要确保观众一看到幻灯片中的项目符号，就明白演讲到了哪里。

 ★ 文字竖排效果

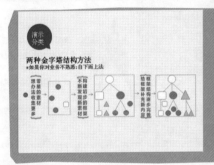

通过改变文字方向为竖排文字，可以提高文字的可读性，引起观众注意。选中文字，在"开始"选项卡的"段落"选项组中设置"文字方向"为"竖排"。

 ★ 字符间距、行间距的调整

字符间距和行间距同样会影响文字的可读性，因此需要设置适合的字符间距和行间距。单击"段落"选项组中的"行距"按钮，在打开的下拉列表中选择"行距"选项，打开"段落"对话框，可进行具体设置。

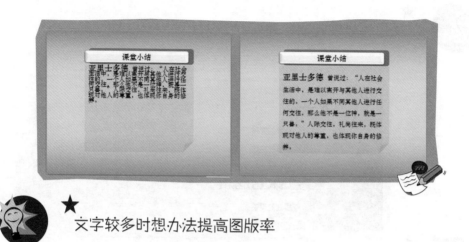

★ 文字较多时想办法提高图版率

当幻灯片的文字比较多，但又没有办法提炼精简时，可以设计部分文字来提高图版率，使幻灯片视觉效果更好。

关键点 18：图文混排的多个方案

　　演示文稿中比较常见的幻灯片风格是以大图作为背景配上文字，或者以纯色底色配以图片与文字，即多数都是图文混排效果。当图片占据了幻灯片的所有版面，那文字应该如何放置呢？图片与文字如何摆放更符合视觉习惯呢？下面介绍一些幻灯片中图文混排的小技巧。

★ 图文融合

文字与图片融合，浑然一体，相辅相成。一般是在颜色较浅的、较简洁的图片上添加颜色相对较深，与图片相关的文字。如果背景相对复杂，使用文字时可以使用后面介绍的方案。

 ★ 为文字添加半透明背景色

如果背景比较复杂，可以在文字后绘制一个与幻灯片同宽的矩形图形，并设置图形"纯色填充"，再根据需要调整透明度。

 ★ 专门划出一块空间放置文字

与上一技巧类似，将绘制的矩形图形的填充颜色设置为不透明的深色，注意矩形图形的填充颜色要与图片颜色相协调，并且文字颜色要与矩形图形有区别，否则达不到突显的效果。

★ 将文字背后的那部分图片虚化

虚化文字后的图片，方法是：绘制一个与幻灯片等宽的矩形图形，高度可根据需要设置（一般为幻灯片高度的三分之一或一半），设置矩形图形从白色（透明度为"0%"）到白色（透明度为"100%"）的渐变，置于文字底层。

★ 设置背景图片半透明效果

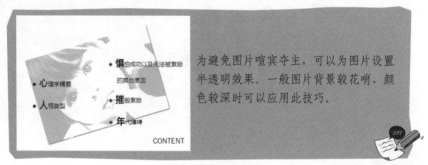

为避免图片喧宾夺主，可以为图片设置半透明效果。一般图片背景较花哨、颜色较深时可以应用此技巧。

★ "上图下字"的版面效果

　　"上图下字"版面效果的最大特点是整体感很好，是常见的简单而规则的版面编排类型。自上而下符合人们认识的心理顺序和思维活动的逻辑顺序，能够产生良好的阅读效果。

"左图右字"或"右图左字"的版面

"左图右字"或"右图左字"的版面是典型的。页面整体方正、均衡。

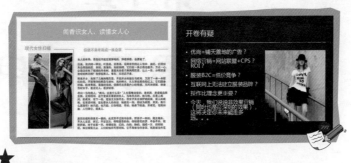

小·图点缀

小图点缀也很常用。如果幻灯片不是采用纯色背景，选用图片时要注意后选用无背景的 PNG 格式图片，或是事先采用工具去除图片的背景再使用。

Chapter 4

第4章

表格与图表的应用

表格是商务 PPT 中非常常见的图形形式，但默认插入的四方框线表格只能输入简单数据，其美观度肯定是不达标的。因此，表格是必须要进行美化设置的。

一年各地人均收入增长幅度统计

	上半年	下半年	合计
南京	25%	35%	60%
北京	35%	48%	83%
上海	39%	54%	94%

★ 应用表格样式美化

在 PowerPoint 2010 中提供了大量的快速美化表格样式，在"设计"选项卡的"表格样式"选项组中单击"其他"按钮，在打开的下拉列表中选择需要的表格样式，单击即可应用。

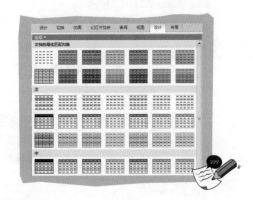

快速应用表格样式后效果：

	上半年	下半年	合计
南京	25%	35%	60%
北京	35%	48%	83%
上海	39%	54%	94%

	上半年	下半年	合计
南京	25%	35%	60%
北京	35%	48%	83%
上海	39%	54%	94%

★ 自定义美化表格

除了上述快速应用表格样式外，还可以自定义设置表格的线条、填充、单元格效果以及文字格式，根据实际需要合并、拆分单元格、设置文字方向等。

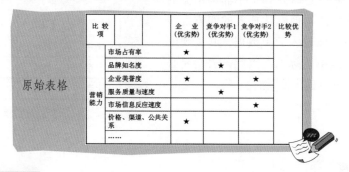

原始表格

设置表格边框线条

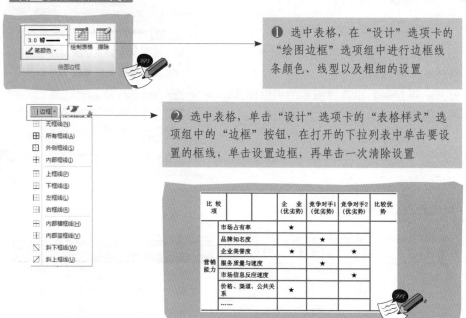

① 选中表格，在"设计"选项卡的"绘图边框"选项组中进行边框线条颜色、线型以及粗细的设置

② 选中表格，单击"设计"选项卡的"表格样式"选项组中的"边框"按钮，在打开的下拉列表中单击要设置的框线，单击设置边框，再单击一次清除设置

设置表格填充效果

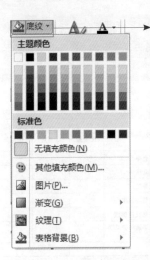

选中单元格，单击"设计"选项卡的"表格样式"选项组中的"底纹"按钮，在打开的下拉列表中选择需要填充的选项

比较项		企 业 (优劣势)	竞争对手1 (优劣势)	竞争对手2 (优劣势)	比较优势
营销能力	市场占有率	★			
	品牌知名度		★		
	企业美誉度	★		★	
	服务质量与速度		★		
	市场信息反应速度			★	
	价格、渠道、公共关系	★			
	……				

设置表格文字竖排效果

选中表格中的"营销能力"单元格，单击"布局"选项卡的"对齐方式"选项组中的"文字方向"按钮，在打开的下拉列表中选择"竖排"命令

比较项		企 业 (优劣势)	竞争对手1 (优劣势)	竞争对手2 (优劣势)	比较优势
营销能力	市场占有率	★			
	品牌知名度		★		
	企业美誉度	★		★	
	服务质量与速度		★		
	市场信息反应速度			★	
	价格、渠道、公共关系	★			
	……				

合并单元格

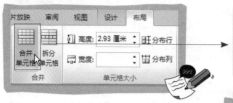

选中表格中"比较项"后 3 个单元格，单击"布局"选项卡的"合并"选项组中的"合并单元格"按钮即可

比 较 项		企 业 (优劣势)	竞争对手1 (优劣势)	竞争对手2 (优劣势)	比较优势
营销能力	市场占有率	★			
	品牌知名度		★		
	企业美誉度	★		★	
	服务质量与速度		★		
	市场信息反应速度			★	
	价格、渠道、公共关系	★			
	……				

设计创意表格

跳出表格的传统思维，我们的表格是否必须是传统的用线条搭建的呢？大胆的设计，可以将表格转换为可视化图形，不再局限于传统的固定表格，让数据更加生动具体地呈现在观众眼前。

自定义设计后效果

将表格中的数据转换为自选图形，通过可视化界面来表达表格数据内容，使数据更形象化，让观众记忆更深刻。

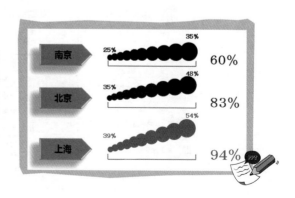

表格的用处不仅仅局限于显示数据，可以利用其来规划文本，从而创建易懂、易接受的视觉化效果。

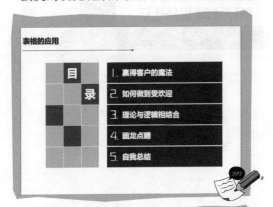

利用表格规划目录框架，使目录更形象生动，同时利用表格来对齐目录中的文本，使文本更有条理。

利用表格规划简历的基本框架，设置简历中文字的对齐格式，使简历的框架清晰，简单大方。

利用表格可以辅助对齐文本，使幻灯片看起来更专业。

利用表格还可以辅助设计封面，使原本单调的图片结合文字看起来更专业，更有趣味。

关键点 21：表格可以拿来使用

 ★ 直接复制 Excel 表格使用

不仅仅可以在幻灯片中绘制表格，在 Excel 中设计的表格也可以直接复制，在幻灯片中使用。

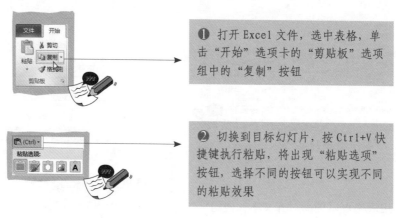

❶ 打开 Excel 文件，选中表格，单击"开始"选项卡的"剪贴板"选项组中的"复制"按钮

❷ 切换到目标幻灯片，按 Ctrl+V 快捷键执行粘贴，将出现"粘贴选项"按钮，选择不同的按钮可以实现不同的粘贴效果

-  使用目标样式：将表格复制到幻灯片中，并且表格自动应用幻灯片的主题样式。

- 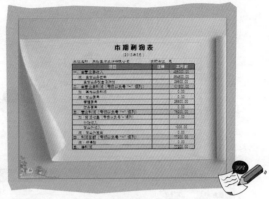 保留源格式：将表格复制到幻灯片中，并且保留原表格的样式。

- 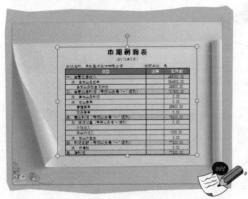 图片：将表格粘贴为图片。

- A 只保留文本：只保留文本。

★ Excel 表格作为对象导入 PPT

除了上面描述的直接复制表格到 PPT 中，还可以采取将 Excel 表格作为一个对象导入到 PPT 中使用。

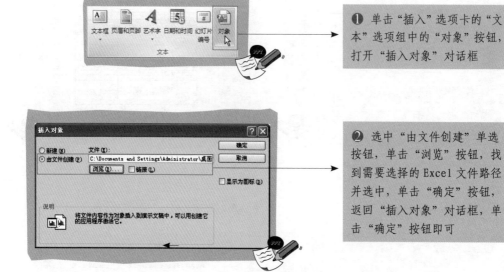

❶ 单击"插入"选项卡的"文本"选项组中的"对象"按钮，打开"插入对象"对话框

❷ 选中"由文件创建"单选按钮，单击"浏览"按钮，找到需要选择的 Excel 文件路径并选中，单击"确定"按钮，返回"插入对象"对话框，单击"确定"按钮即可

插入 Excel 表格对象到幻灯片中最终效果

在插入的表格对象上双击鼠标，进入 Excel 的编辑窗口，可以实现随时对表格进行修改或补充编辑等操作。

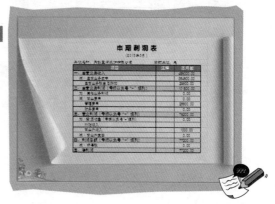

表格的缺点就是内容太多，如何让别人关注到表格中的重点信息，就成为表格设计的关键，那么如何做才能突显强化表格中的重要数据呢？

调整不同行的颜色形成对比

通过设置调整表格不同行的颜色，可以美化表格，同时也在一定程度上突出重点。

综合素质评价		
王一一	礼貌	害羞，不善于主动说话，所以不经常和长辈打招呼
	学习	按时按量完成作业，老师布置任务全部按时完成
	课外活动	不经常参加，不喜欢投入集体
李二二	礼貌	嘴巴甜，见人就喊，很懂礼貌
	学习	比较懒，需要人监督者去学习，缺少自制力
	课外活动	积极参加课外活动

背景色反衬

表头及标识性的单元格设置底纹色可以提高表格的整体视觉效果，吸引眼球使注意力集中在单色面积更大的表中区域。

综合素质评价		
王一一	礼貌	害羞，不善于主动说话，所以不经常和长辈打招呼
	学习	按时按量完成作业，老师布置任务全部按时完成
	课外活动	不经常参加，不喜欢投入集体
李二二	礼貌	嘴巴甜，见人就喊，很懂礼貌
	学习	比较懒，需要人监督者去学习，缺少自制力
	课外活动	积极参加课外活动

通过改变强调部分数据的背景色，反衬出需要强调的数据内容，强调效果显著。

	上半年	下半年	合计
南京	25%	35%	60%
北京	35%	48%	83%
上海	39%	54%	94%

强调单元格内容

	上半年	下半年	合计
南京	25%	35%	60%
北京	35%	48%	83%
上海	39%	**54%**	94%

通过加大数据字号、加粗数据、改变数据颜色达到强调数据的作用，是最简单、直接的一种方法。

	上半年	下半年	合计
南京	25%	35%	60%
北京	35%	48%	83%
上海	39%	54%	94%

通过改变数据字体类型，同时添加自选图形提示圈，强调数据内容，让观众一目了然。

注意：不要普遍设置强调。表格中强调方法太多，或者强调位置太多，反而会失去强调的作用。

关键点 23：表格边框隐藏或美化

在幻灯片中绘制好表格后，在"设计"选项卡的"表格样式"以及"绘图边框"选项组中进行表格的边框属性设置。

包括边框颜色、线型、线条粗细以及选择边框线条有无。

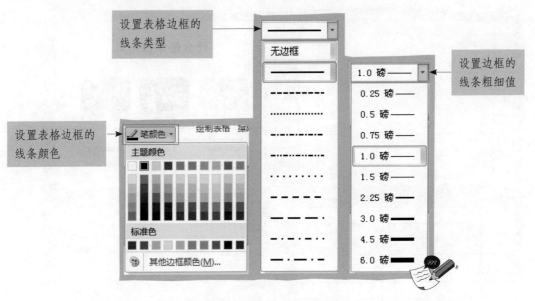

设置表格边框的
线条类型

无边框

设置边框的
线条粗细值

设置表格边框的
线条颜色

笔颜色   绘制表格

主题颜色

标准色

其他边框颜色(M)...

自定义设置可以得到各式各样表格框线效果图。

普通表格：

加粗外线框：

加粗表头，去掉左右框线：

增加表头底色：

虚线表格：

点划线表格：

还有一种特殊的表格边框，就是无边框，仅仅利用表格来控制幻灯片的排版，最后手动隐藏即可。

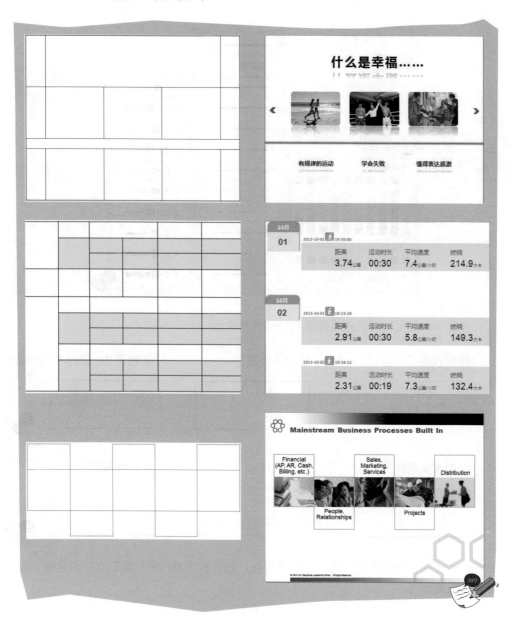

表格框架及隐藏框线后的效果:

关键点 24：选用图表类型要恰当

优秀的数据图表可以让复杂的数据更加清晰化、可视化，能让数据的变化情况或重点数据给观众留下深刻印象。然而选择正确的图表类型则是使信息更好传达的一个关键因素。图表的种类是多种多样的，PPT 中提供了 11 种图表类型，总共包含 73 种子图表类型，它们各自的表达重点有所不同。

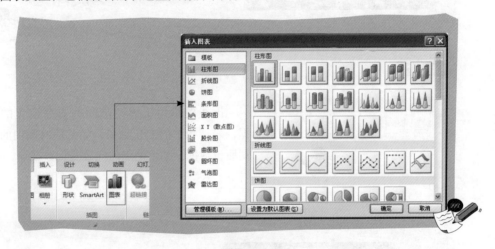

柱形图

柱形图是一种以柱形的高低来表示数据值大小的图表，用来表示一段时间内数据的变化或者描述各个项目之间的数据比较。

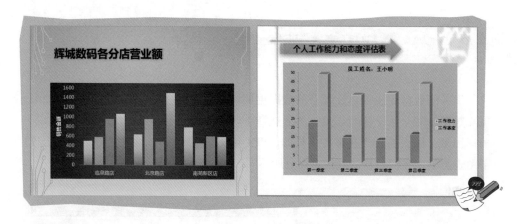

折线图

　　折线图常用于展现随时间有序变化的数据，表现数据的变化趋势，如某段时间内的公司股价数据、某个地点的气温变化数据等。

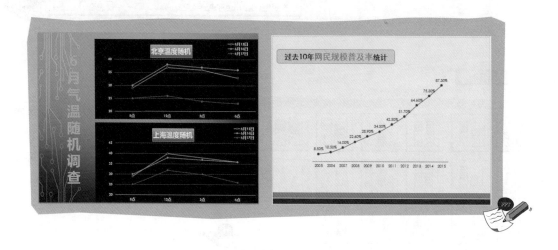

饼图

饼图对于显示各组成部分之间的大小比例关系非常有用，但是它只能添加一个系列数据的比例关系，这也是饼图自身的一个特点。所以，在强调某个比较重要的数据时，饼图非常有用。

条形图

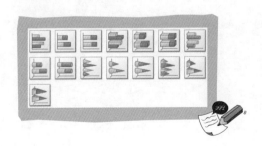

条形图可以看成是纵向的柱形图，它是用来描述各个项目之间数据差别情况的图表。与柱形图相比，它不太重视时间因素，强调的是在特定的时间点上进行分类轴和数值的比较。

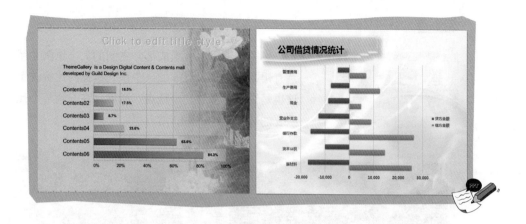

不同类型的图表都有各自不同的表达需要以及适用场合，应用图表之前首先需要根据表现内容选择合适的图表类型。所以需要思考的是：

这样究竟合不合适呢？

产品销售统计是为了让观众能看出产品销售的具体变化，左图图表没有重点，只是展示数据而没有说明问题以及数据之间的联系，所以此问题很明显不适合应用柱形图来表示；右图更改为折线图，表现各个月份各电器的销售统计情况，强化说明了销售的总体趋势。

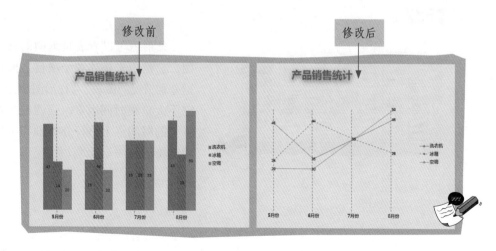

公司借贷情况统计是为了让观众了解借方和贷方各项支出费用的使用情况，左图使用的饼图无法直观表达借贷双方的具体信息，很难看出借贷的具体情况；采用右图的条形图，借贷对比效果非常明显，很直观。

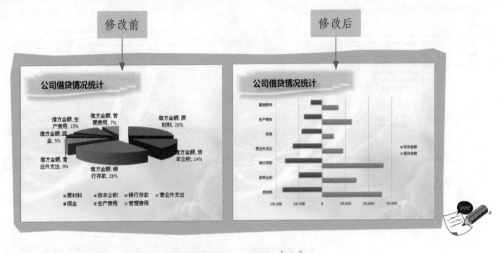

关键点 25：默认图表要进行美化设计

默认插入图表的效果往往不尽如人意，因此美化设置必不可少，图表由多个对象组成（如绘图区、系列、网格线、坐标轴等），任意对象都可进行格式设置。

设置任意对象前的首要工作就是做到准确选中。

选中图表，单击"布局"选项卡的"当前所选内容"选项组中的 按钮，在打开的列表中显示当前图表的所有对象名称，单击即可选中。

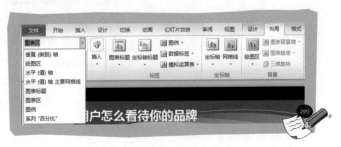

或者将光标定位到图表对象上，
停顿两秒钟，即可看到提示信息，单
击鼠标即可选中。

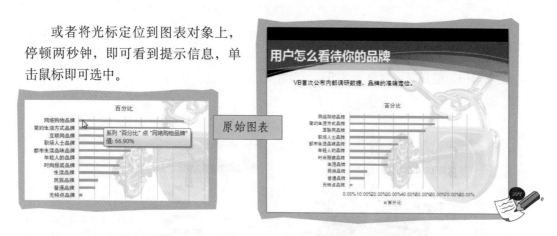

原始图表

步骤1：　准确选中图表中的水平轴，按 Delete 键删除，然后按相同方法删除图例
与图表标题。

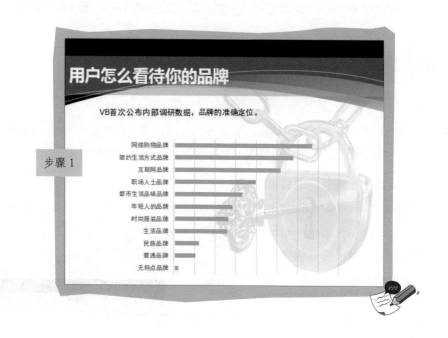

步骤1

步骤 2： 选中图表，单击"布局"选项卡的"标签"选项组中的"数据标签"按钮，在打开的下拉列表中选择"数据标签外"选项。单击"布局"选项卡的"坐标轴"选项组中的"网格线"按钮，在打开的下拉列表中选择"主要横网格线"选项卡的"主要网格线"命令。

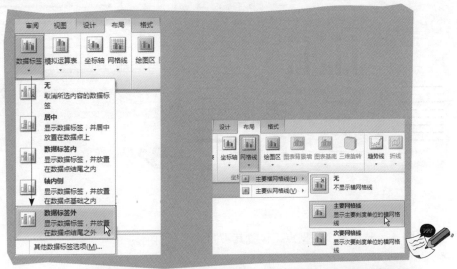

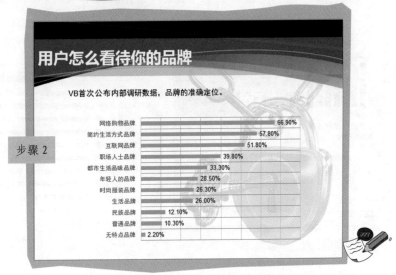

步骤3：分别选中"垂直（类别）轴 主要网格线"和"水平（值）轴 主要网格线"图表项，单击"格式"选项卡"形状样式"选项组中的"形状轮廓"按钮，设置颜色、粗细和线型。

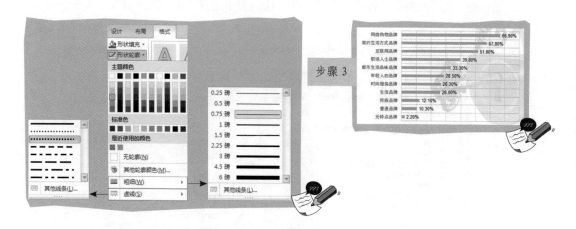

步骤4：选中单个数据点，设置其不同的填充颜色。

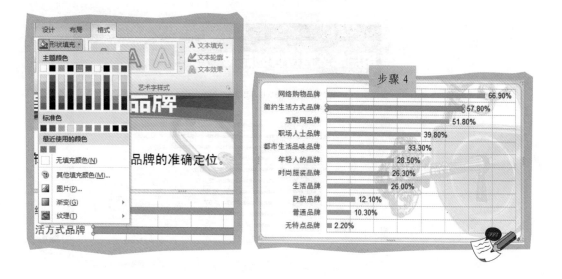

步骤5：单击"插入"选项卡"插图"选项组中的"形状"按钮，选择"圆角矩形"，插入到如图所示位置处；然后单击"格式"选项卡"形状样式"选项组中的"形状轮廓"按钮，设置为"无轮廓"；然后选中圆角矩形，单击鼠标右键，在弹出的快捷菜单中选择"设置对象格式"命令，在打开的"设置形状格式"对话框中设置纯色填充颜色，且设置其"透明度"为60%。

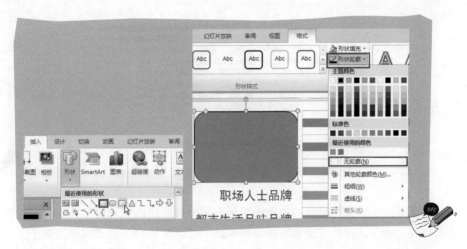

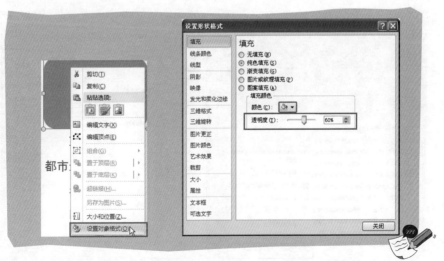

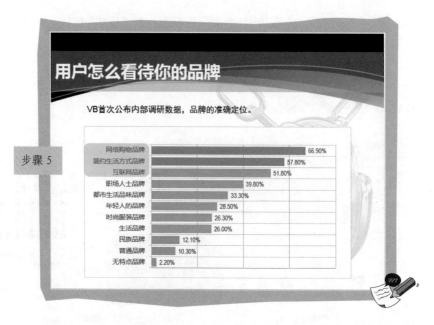

步骤6：在图表数据系列上单击鼠标右键，在弹出的快捷菜单中选择"设置数据系列格式"命令，打开"设置数据系列格式"对话框，将"分类间距"调小。

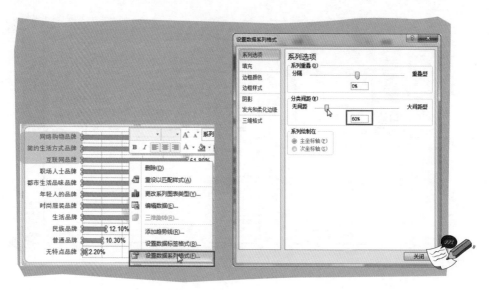

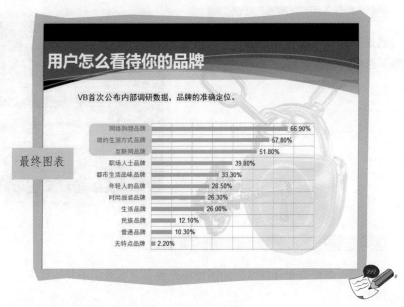

最终图表

关键点 26：图表中重点数据要突显

每种图表都有自己的作用和优势，为了把图表的意图展示得更明确，必须先学会突出重点。根据图表要表现的内容来外加设计，如文本框、自选图形、特殊字体等，可以很好地突出显示重点数据。

设置特殊字体以及加大、加粗重点内容

通过加大、加粗、设置数据颜色来达到强调最小和最大数据的效果，是最简单直接的一种方法。

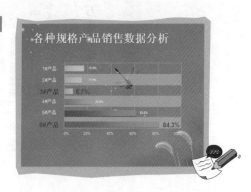

利用自选图形修饰强调数据

通过添加自选图形，直接标识出图表要强调的数据信息。

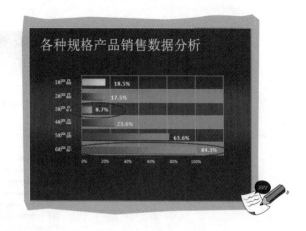

设置图表中强调数据的特殊填充效果

通过设置需要突出强调系列的图片填充效果，以区别于其他数据，从而起到强调突出的作用。

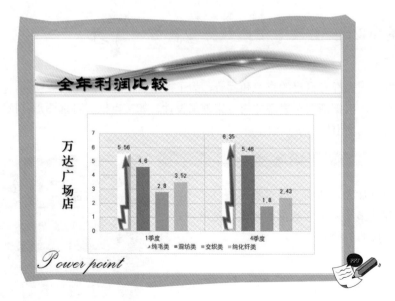

通过拖曳出强调部分，并添加文本框补充说明内容来强调重点信息，使人一目了然。

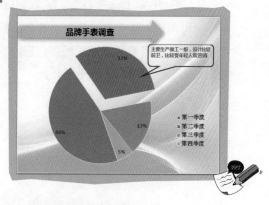

关键点 27：用图形图片修饰图表效果会更好

制作图表的过程中，默认插入的图表有时过于单调，整体视觉效果不达标，因此在设计时通常会使用图形、图片、文本框等来补充修饰。

添加自选图形表明数据变化趋势

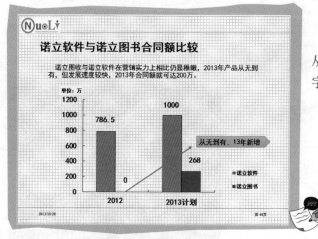

通过添加箭头来表明数据的从无到有，并添加文本框说明文字，表达意图一目了然。

添加图片辅助说明数据，添加自选图形解释说明图表信息

通过添加形象化的图片代表数据类型，然后添加自选图形解释说明图表信息内容，相比原始呆板的图表，效果更好。

添加文本框或者自选图形附加图表说明

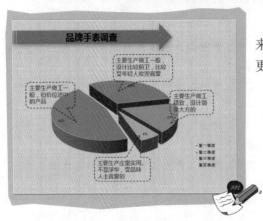

通过添加标注类的自选图形，编辑文字来具体说明图表想要表现的内容，能让观众更好地理解图表的含义和重点。

使用图片代替图表，形象化表现数据

直接使用 3D 小人图片代替原图表形状，根据数据大小设置图片大小，对比原来简单的图表能够更加形象化地表现数据，对观众更有吸引力，并且直观。

修饰完成图表以后，为避免图表被意外修改或方便复制使用，可以将其转换为图片使用。

选中图表，单击鼠标右键，在弹出的快捷菜单中选择"另存为图片"命令，打开"另存为图片"对话框，在该对话框中输入文件名，选择合适的保存位置，单击"保存类型"下拉按钮，选择 JPEG 文件交换格式按钮即可。

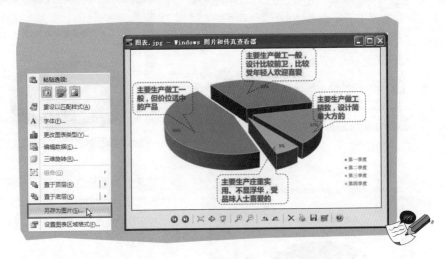

关键点 28：Excel 中图表可以导入 PPT 来用

在建 PPT 时，当需要使用相关分析图表时，如果 Excel 中已经创建了，可以直接复制拿来使用。

★ 直接复制 Excel 图表使用

❶ 打开 Excel 文件，选中图表，单击"开始"选项卡 "剪贴板"选项组中的"复制"按钮

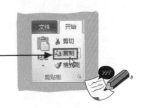

❷ 切换到目标幻灯片,按Ctrl+V快捷键执行粘贴,将出现"粘贴选项"按钮,选择不同的按钮可以实现不同的粘贴效果

- 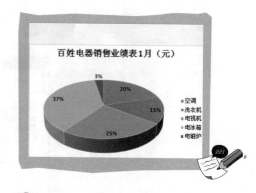 使用目标样式和嵌入工作簿:将图表复制到幻灯片中,源Excel图表改变不影响幻灯片中数据,并且图表自动应用幻灯片的主题样式。

- 使用目标样式和链接数据:将图表复制到幻灯片中,源Excel图表改变时幻灯片中图表也自动改变,并且图表自动应用幻灯片的主题样式。

- 使用源格式和嵌入工作簿:将图表复制到幻灯片中,源Excel图表改变不影响幻灯片中数据,并且图表保留源格式。

- 使用源格式和链接数据:将图表复制到幻灯片中,源Excel图表改变时幻灯片中图表也自动改变,并且图表保留原格式。

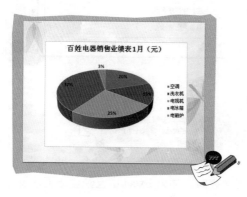

- 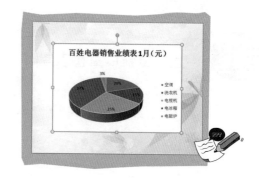 图片:将Excel图表以图形的形式粘贴到幻灯片中。

★

Excel 图表作为对象导入 PPT

除了上面描述的直接复制图表到 PPT 中，还可以采取将 Excel 图表作为一个对象导入到 PPT 中使用。

❶ 单击"插入"选项卡"文本"选项组中的"对象"按钮，打开"插入对象"对话框

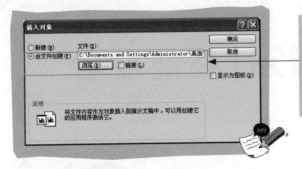

❷ 选中"由文件创建"单选按钮，单击"浏览"按钮，找到需要选择的 Excel 文件路径并选中，单击"确定"按钮，返回"插入对象"对话框，单击"确定"按钮即可

插入 Excel 图表对象到幻灯片中最终效果

在插入的图表对象上双击鼠标，进入 Excel 的编辑窗口，可以实现随时对图表进行修改或补充编辑等操作。

Chapter 5

第5章

这点设计技能要会

吸引你的，就是值得你学习的……

向广告作品学习

某高速公路上的户外广告牌

思考： 想象一下，陌生高速公路上的户外广告牌，这些信息必须很简洁，其阅读者以每小时 120 千米的速度行驶着，他们的注意力不会因为几幅图、几个字而分散，但是却能让你在第一时间里读取它们要传达的信息。

这些信息能带给你哪些思考呢?

不是放的信息越多,观众就越容易记住。必须尽量让你的幻灯片看起来够简洁,越简洁的画面,越能让观众记住画面中的信息,当然,创意是不可少的。

设计的理念是相通的,能吸引人的作品一定有它的道理,你不妨将这些能吸引你的原理用到你的PPT作品中,相信也一定可以吸引观众的眼球。

向其他媒体作品学习

地铁站的广告

门户网站

关键点 30: 文字艺术效果的使用

文字的艺术效果包括阴影、映像、发光、棱台、三维旋转、转换等，文字艺术效果常用于标题幻灯片的文字中。

首先选中要编辑的文字，选择"绘图工具"→"格式"选项卡，在"艺术字样式"选项组中单击"文本效果"命令按钮，在其子菜单中有多种预设效果可以选择。

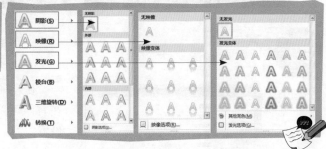

如果想进行更为详细的艺术效果设置，可以选择"阴影选项"或"映像选项"等命令，打开"设置文本效果格式"对话框，在左侧准确定位标签，在右侧详细设置。

文字发光艺术效果

在左侧切换到"发光和柔化边缘"选项卡，在右侧可以进行文字发光和柔化边缘效果的具体设置。

可以单击"预设"按钮，在打开的下拉列表中选择合适选项，直接套用预设效果。或者自定义设置颜色、大小及透明度选项，根据实际需要更改参数值。

文字发光效果图：

 ★ 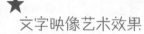文字映像艺术效果

在左侧切换到"映像"选项卡，在右侧可以进行文字映像效果的具体设置。

可以单击"预设"按钮，在打开的下拉列表中选择合适选项，直接套用预设效果。或者自定义设置颜色、透明度、大小、距离及虚化选项，根据实际需要更改参数值。

文字映像效果图：

文字三维旋转艺术效果

在左侧切换到"三维旋转"选项卡，在右侧可以对文字进行三维旋转效果的具体设置。

可以单击"预设"按钮，在打开的下拉列表中选择合适选项，直接套用预设效果。或者自定义设置旋转的角度以及三维效果的相关参数，得到需要的文字三维效果。

文字三维旋转效果图：

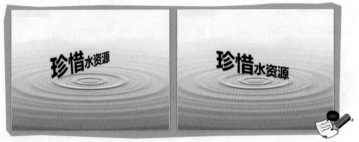

文字转换效果

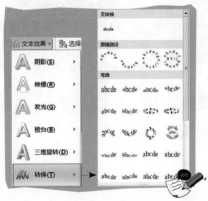

选中文字，单击"文本效果"按钮，在打开的下拉列表中选择"转换"命令，在打开的子菜单中选择合适的转换选项，单击即可应用。

文字转换效果图：

 关键点 31：文字填充及轮廓线美化

文字填充及轮廓线的设置常用于对标题文字的修饰。

 ★ **文字多种填充效果**

在幻灯片中输入文字默认的是单色填充，可以设置文字更多的填充效果。除了纯色填充外，文字填充效果还包括渐变、纹理和图片。

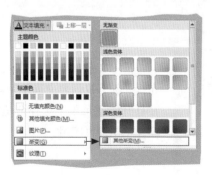

文字渐变填充

选中要编辑的文字，单击"格式"选项卡"艺术字样式"选项组中的"文本填充"按钮，在打开的下拉列表中选择"渐变"→"其他渐变"命令，打开"设置文本效果格式"对话框。

在对话框中选中"渐变填充"单选按钮，进行渐变填充参数的详细设置。

文字图片填充

选中文字，单击"文本填充"按钮，在打开的下拉列表中选择"图片"命令，打开"插入图片"对话框，找到图片所在路径并选中，单击"插入"按钮即可。

文字纹理填充

选中文字，打开"设置文本效果格式"对话框。选择"文本填充"选项卡，然后选中"图案填充"单选按钮，分别设置前景色与背景色并选择图案样式。

文字轮廓线美化

幻灯片中的标题文字字号较大，可以通过设置文字的轮廓线效果来美化文字。

首先选中要编辑的文字，单击"格式"选项卡"艺术字样式"选项组中的"文本轮廓"按钮，在打开的下拉列表中除了设置边框颜色，还可以选择"粗细"和"虚线"子菜单中的选项进行边框粗细和边框类型的详细设置。

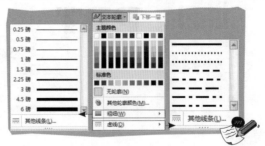

应用后的效果：

除上面展示的普通线条轮廓外，还可以设置复合型文字轮廓线，选择"其他线条"
命令，打开"设置文本效果格式"对话框。

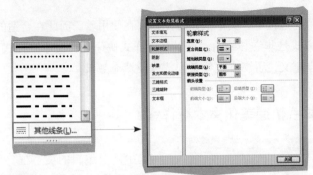

应用后的效果：

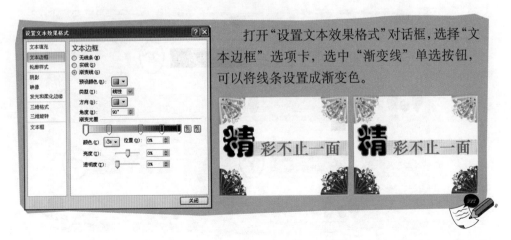

打开"设置文本效果格式"对话框，选择"文本边框"选项卡，选中"渐变线"单选按钮，可以将线条设置成渐变色。

关键点 32: 文本框美化

在建立幻灯片的过程中，文本框无时无刻都在使用着，因此在合适的应用环境下，采用合适的美化方式是非常必要的。可以套用样式快速美化文本框样式，如果对效果不满意，还可以自定义设置文本框线条样式以及填充效果。

★ 套用样式快速美化文本框样式

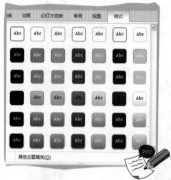

选中需要编辑的文本框，单击"格式"选项卡"形状样式"选项组中的"▼（其他）"按钮，在打开的下拉列表中选择合适的、可以套用的文本框外观样式，鼠标指向即可预览，单击即可应用。

套用文本框样式效果：

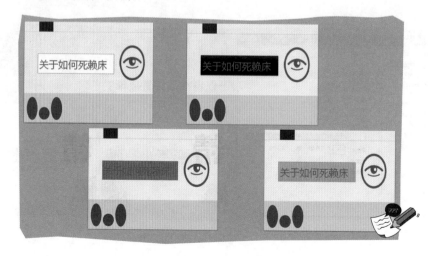

★ 设置文本框线条样式

　　选中要编辑的文本框，单击"格式"选项卡"形状样式"选项组中的"图片边框"按钮，在"主题颜色"栏中可以选择文本框边框颜色，还可以在"粗细"和"虚线"子菜单中选择文本框线条的线型与粗细值。

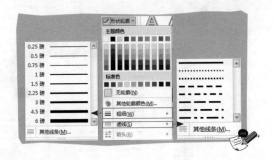

应用后的效果：

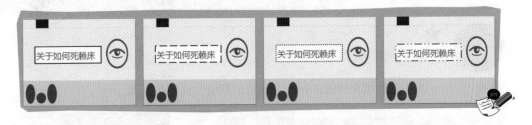

　　除上面展示的文本框的普通线条边框，还可以设置复合型文本框边框，选择"其他线条"命令，打开"设置形状格式"对话框。

应用后的效果：

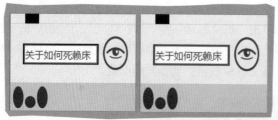

边框不仅可以设置成纯色，还可以设置成渐变色。

 ★ 设置文本框填充效果

文本框的填充效果多样，主要包括渐变、纹理和图片。

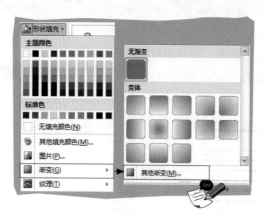

文本框渐变填充

选中文本框，单击"格式"选项卡"形状样式"选项组中的"形状填充"按钮，在打开的下拉列表中选择"渐变"命令，在其子菜单中有几种预设渐变效果可以选用。选择"其他渐变"命令，打开"设置形状格式"对话框进行自定义设置。

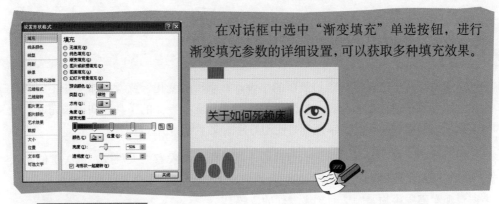

在对话框中选中"渐变填充"单选按钮，进行渐变填充参数的详细设置，可以获取多种填充效果。

文本框图片填充

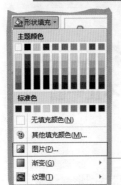

选中文本框，单击"形状填充"按钮，在打开的下拉列表中选择"图片"命令，打开"插入图片"对话框，找到图片所在路径并选中，单击"插入"按钮即可。

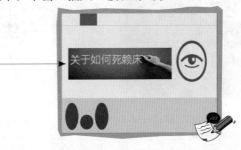

文本框纹理填充

选中文本框，单击"形状填充"按钮，在打开的下拉列表中选择"纹理"命令，在打开的下拉列表中选择合适的纹理填充效果，单击即可应用。

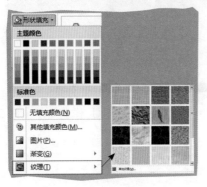

应用后的效果：

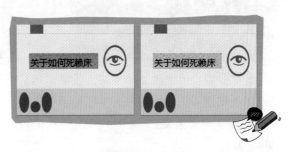

关键点 33：设计创意标题文字

对于幻灯片中的文字，通过简单的小设计，字形的变化，或者添加一些小创意，往往会得到意想不到的效果。一些复杂的字形变化需要专业的工具和知识来完成，但可以尝试一些简单的创意文字设计来使幻灯片的文字更加引人注目。

创意标题文字一般用于标题幻灯片中，其操作本身没有太大难度，最关键的是头脑中要有创意思路，同时要在正确的场合恰当地使用。因此，多学习吸收其他成形作品，多留意观察周围事物，则能时刻激发你的灵感。

设计要点：自选图形，繁体字，特大字号。

设计要点：自选图形、线条。

设计要点：用单独文本框输入文字，然后在上面绘制圆形图形，再将文本框与圆形进行相交处理（参见关键点38中"巧用形状组合功能"）。

设计要点：用图片作为文字的笔画。

关键点 34：图片特效

默认插入到幻灯片中的图片与背景的整合度差，可以根据实际需要设置外观样式、艺术效果等。

快速改变图片外观样式

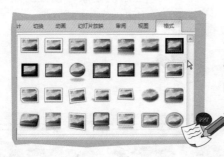

选中图片，单击"格式"选项卡"图片样式"选项组中的"▼（其他）"按钮，列表中显示软件预设的效果，单击这些预设效果即可应用，使用起来非常方便。

快速应用外观样式效果：

★ 图片快速艺术化

选中图片，单击"格式"选项卡"图片样式"选项组中的"图片效果"按钮，在打开的下拉列表中选择"预设"命令，在其子菜单中显示的是软件预置的几种效果，单击即可应用。

快速应用外观样式效果：

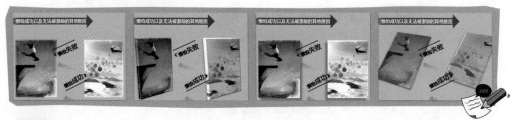

★ 更多图片效果

如果预设的图片效果满足不了实际需求，还可以自定义设置更多的图片效果；或者应用预设效果后再对个别参数进行调整。图片效果类型多种多样，包括阴影、映像、发光、柔化边缘、棱台、三维旋转。

选中图片，单击"格式"选项卡"图片样式"选项组中的"图片效果"按钮，在打开的下拉列表中选择"阴影"命令，在其子菜单中可以进行图片阴影效果设置。

如果对预设的图片阴影效果不满意，在其子菜单中选择"阴影选项"命令，打开"设置图片格式"对话框，在该对话框右侧即可进行阴影效果的各项参数的详细设置，设置完成后，关闭对话框即可。

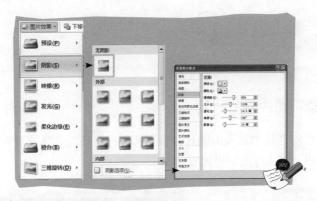

　　图片的映像、发光、柔化边缘、棱台以及三维旋转效果设置操作，同图片阴影操作类似，按相同步骤操作即可设置图片各种效果。

　　下图为依次设置了图片的映射效果、阴影效果、柔化边缘效果和发光效果。

关键点 35：图片修整

裁剪图片多余部分

在幻灯片中插入的图片，根据实际应用环境常常需要对其进行修改裁剪，以达到实际的应用需要。

❶ 选中图片，单击"格式"选项卡"大小"选项组中的"裁剪"按钮，在打开的下拉列表中选择"裁剪"命令

❷ 图片四周会出现裁剪控制点，通过拖动控制点对自由队图片进行裁剪，裁剪掉多余部分即可

抠图

插入到幻灯片中的图片通常会包含硬边框，因此无法与背景很好地融合。这时不必使用其他专业图片处理工具，在 PowerPoint 中也可以实现抠图，即删除背景功能，这样图片就如同 PNG 格式图片一样，很好使用。

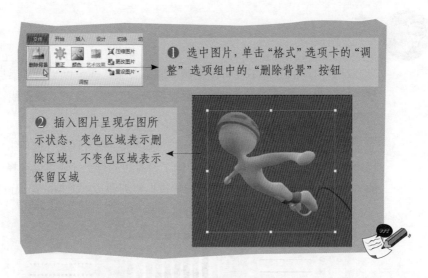

❶ 选中图片，单击"格式"选项卡的"调整"选项组中的"删除背景"按钮

❷ 插入图片呈现右图所示状态，变色区域表示删除区域，不变色区域表示保留区域

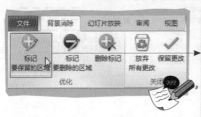

❸ 单击"背景消除"选项卡"优化"选项组中的"标记要保留的区域"按钮，用鼠标拖动图形中的矩形范围选择框，可任意指定所要保留的内容；或者单击"标记要删除的区域"按钮，点选需要删除的区域

设置保留区域和删除区域后，单击"保留更改"按钮，即可删除背景，删除后可以看到幻灯片的最终效果。

★ 边框美化

对于图片的处理不仅可以裁剪、删除背景，还可以为图片添加特殊边框进行美化，包括实线、虚线、复合线和渐变线，还可以设置线条颜色和粗细。

选中要编辑的图片，单击"格式"选项卡"图片样式"选项组中的"图片边框"按钮，在打开下拉列表中除了设置边框颜色，还可以选择"粗细"和"虚线"子菜单中的命令进行图片边框粗细和边框类型的详细设置。

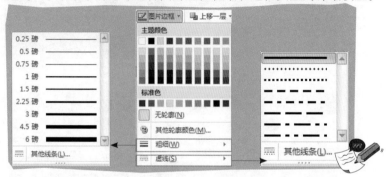

应用后的效果：

除了上面展示的这些普通线条边框外，还可以设置复合型图片边框，选择"其他线条"命令，打开"设置形状格式"对话框。

例如，为图片选择复合类型线条应用后幻灯片效果如下。

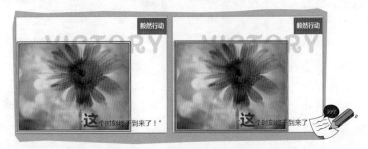

在"线条颜色"选项卡中选中"渐变线"单选按钮，还可以为图片设置渐变线条的边框效果。

关键点 36：图片与背景融合的多种方式

普通格式的图片插入到幻灯片中一般都包含硬边缘，因此通常会给人与背景不协调、突兀的感觉，这时可以通过对图片的处理使其与背景相互协调。

★ 设置图片边缘羽化效果

首先可以在图片的边缘下功夫，设置图片的边缘羽化效果，使其与幻灯片背景融为一体。

选中图片，单击"格式"选项卡"图片样式"选项组中的"图片效果"按钮，在打开的下拉列表中选择"柔化边缘"命令，在打开的子菜单中选择柔化程度，单击即可应用。或者在子菜单中选择"柔化边缘选项"命令，在打开的"设置图片格式"对话框中进行柔化边缘设置。

设置边缘羽化效果对比图：

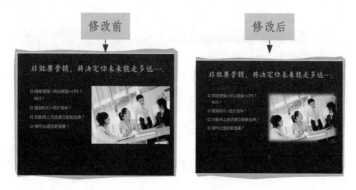

角版的处理

除了封面或标题栏直接用角版图片外，一般角版图片直接放在幻灯片中不美观，未经处理的角版是平的，PPT 也是平的，两个在一起没有变化，就会显得呆滞，所以需要花点心思来处理角版图片。

添加边框和阴影：阴影的不同角度会带来不同的效果

叠加和添加饰物：会使图片更饱满，幻灯片更舒服

除此之外，前面介绍的设置图片效果、边框效果等也都是为了让图片与背景以及当前使用情况更加贴切、和谐。读者可以在适当的时候选择合适的方案。

关键点 37：图形是修饰幻灯片的重要元素

★ 图形的应用实例

在幻灯片中绘制的图形，是修饰幻灯片的重要元素。可以利用图形构建幻灯片的目录、绘制图表、凸显修饰文字，以及绘制创意图形等，从而为简单的幻灯片增添亮点，增加吸引力。

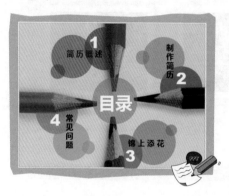

设计要点：

- 绘制多个圆形，并设置不同大小和半透明效果。
- 在半透明圆形上填写序号与目录文字，且目录文字根据情况横排或竖排。

设计要点：

- 绘制多个圆柱形，并设置不同高度以区分数据大小，设置不同颜色以区分不同类别。
- 绘制 3D 矩形作为底座，配合圆柱体形成图表。

设计要点：

- 绘制矩形框，作为文字底衬图，且设置半透明，与背景图片更协调。
- 绘制线条，设置粗细长短后以区分标题和内容，使幻灯片内容条理清晰。

★ 图形的组合与层次

在制作幻灯片的过程中，有时需要将多个图形作为一个整体来使用，或者需要移动所有的图形对象，但可能因为数量太多，会不小心遗漏，导致所有图形的节奏不统一，会很不方便。

如果把它们组合成一个对象，操作明显就方便多了。

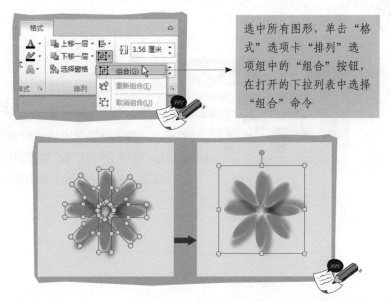

选中所有图形，单击"格式"选项卡"排列"选项组中的"组合"按钮，在打开的下拉列表中选择"组合"命令

幻灯片中有多个图形出现时，应注意合理安排图形的叠放次序，使幻灯片呈现最佳状态。

选中图形，单击鼠标右键，在弹出的快捷菜单中选择"置于顶层"或者"置于底层"命令，在子菜单中选择合适选项调整图形的层次关系。

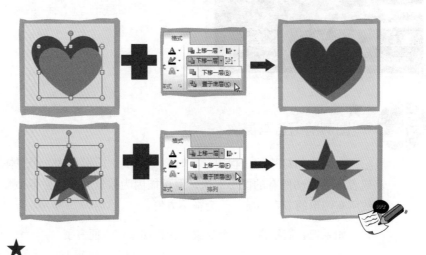

图形格式刷的应用

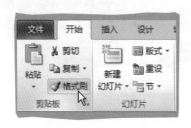

在制作幻灯片的过程中，对于相同格式的图形可以使用格式刷，省时省力，不用一个一个图形地去重复设置格式。

选中设置完成格式的图形，单击"开始"选项卡"剪贴板"选项组中的"格式刷"按钮，直接在图形上单击即可刷取格式。

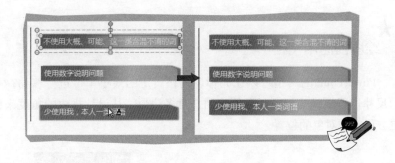

程序中提供了多种自选图形方便使用，但值得一提的是，这些自选图形不但可以单个使用，同时还有 3 种方式可以形成任意的创意图形。

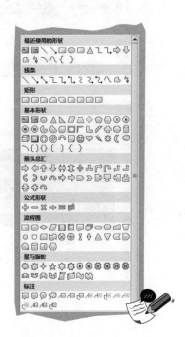

- 绘制基本图形，通过编辑顶点变换图形。
- 通过多图形组合形成其他图形。
- 用 ⌒ ⬡ ⎈ 这几个工具任意绘制需要的图形。

绘图前启用网格

PowerPoint 的网格可以让光标以网格设定的最小单位进行移动，对对象的尺寸进行准确的把握，方便绘制任意多边形。从设计排版的角度来讲，则更方便安排对象的位置。

如何显示网格

光标位于幻灯片空白处，单击鼠标右键，在弹出的快捷菜单中选择"网格和参考线"命令，在打开的"网格线和参考线"对话框中选中"屏幕上显示网格"复选框，自定义设置间距，同时保证选中"对象与网格对齐"复选框，方便安排对象位置。

通过网格可以更快速地绘制图形

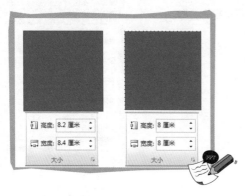

例如：快速绘制一个正方形。

如果没有网格，直接绘制，则需要通过"格式"选项卡的"大小"选项组进行设置才行。

应用网格以后，沿着网格线则可以直接绘制一个标准的正方形。

绘制自选图形时启用网格线非常有必要，利用网格线可以辅助绘制对称标准的图形。

 绘制创意图形

可以利用简单的自选图形，构造出让人意想不到的创意世界。绘制方法大致分为两种情况：一是利用基本图形进行组合形成创意图形；二是直接利用 ∿ ♌ ♋ 这些工具绘制创意图形。

基本图形组合形成创意图形

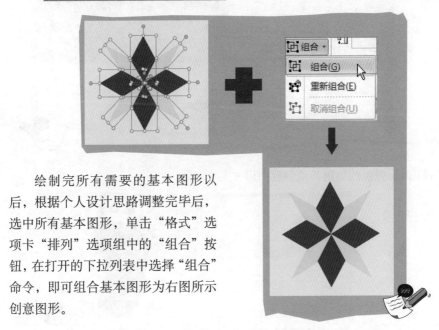

绘制完所有需要的基本图形以后，根据个人设计思路调整完毕后，选中所有基本图形，单击"格式"选项卡"排列"选项组中的"组合"按钮，在打开的下拉列表中选择"组合"命令，即可组合基本图形为右图所示创意图形。

下面是提供的其他创意组合图形方案。

利用 ⌒ ⌂ ✎ 这些工具绘制创意图形。

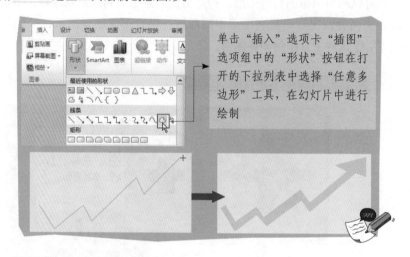

单击"插入"选项卡"插图"选项组中的"形状"按钮在打开的下拉列表中选择"任意多边形"工具，在幻灯片中进行绘制

下面是提供的绘制其他创意图形方案。

★ 巧用形状组合功能

在绘制图表时,"形状组合"功能非常实用(多个图形进行联合、相交、剪除,从而形成新的图形)。在 PowerPoint 2010 中该项功能默认未显示到功能区中,需要手动添加。

选择"文件"选项卡"选项"命令,打开"PowerPoint 选项"对话框,选择"自定义功能区"选项卡,在右侧新建选项卡,命名为"形状",再新建选项组,命名为"形状组合"。

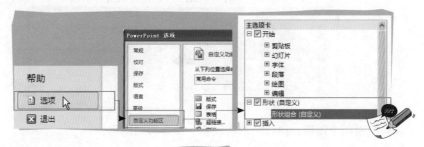

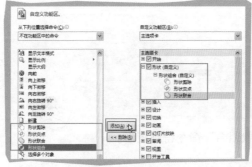

在自定义功能区,选择"不在功能区中的命令"选项,找到如左图所示的"形状剪除""形状交点""形状联合""形状组合"命令并分别选中,单击"添加"按钮添加到自定义选项组"形状组合"中去。

手动添加后即可在功能区找到 ➡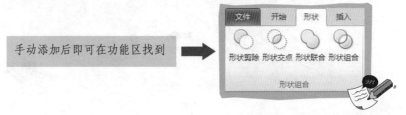

不同图形形状合并示例

❶ 绘制两个图形，执行"形状剪除"命令得到图形。

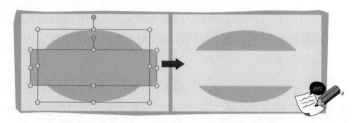

❷ 绘制两个图形，执行"形状交点"命令得到图形。

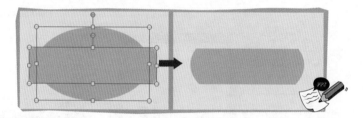

❸ 绘制两个图形，执行"形状联合"命令得到图形。

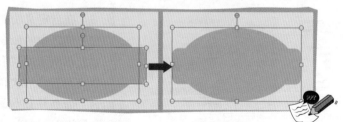

❹ 绘制两个图形，执行"形状组合"命令得到图形。

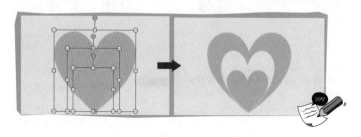

关键点 39：线条在幻灯片中应用很广泛

在幻灯片中线条扮演着很重要的角色，有时用来划分区块，有时用来引导视线，有时用来修饰文字。同时线条的粗细也是有讲究的，不同的搭配效果可以获取不同的视觉效果。

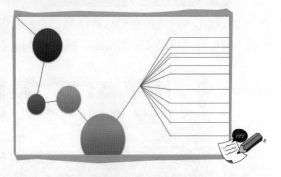

本身绘制线条的操作并非难事，其格式设置也并不复杂，应用得当，有设计思路是最主要的，合理应用往往会让幻灯片更加规范、正规和专业。

选中幻灯片中的线条，在"绘图工具"→"格式"→"形状样式"选项组中可以对线条格式进行各种格式设计。

自选图形中，这一块属于线条的范畴，可以根据需要选择绘制，如果使用"曲线""任意多边形""自由曲线"几个选项，那么可发挥的空间就很大了。

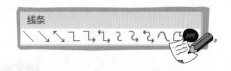

关于线条格式的设置，可以打开"设置形状格式"对话框，在"线条颜色"与"线型"两个选项卡下进行设置。

下面给出一些线条应用于幻灯片中的具体方案，希望能给读者一些启发。

用线条划分阅读版面区域

长短不一的线条在幻灯片中另一个重要作用就是划分阅读区域，减少一次性阅读量，使幻灯片看起来更加清晰，减少阅读信息量负担。

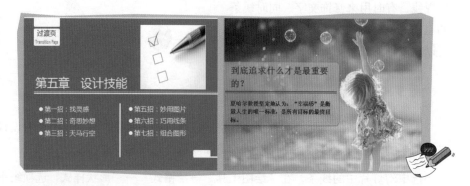

用线条引导视线

线条在 PPT 中首先进入阅读视线，观众在阅读的时候容易被线条方向所引导，所以制作幻灯片时可以充分利用这一点。

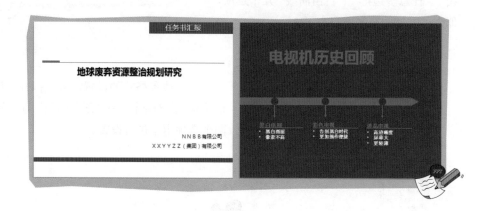

关键点 40: 图形边框及填充美化

★ 图形边框美化

图形边框线条的设置相当丰富，并非只是默认实线，还包括虚线、复合线和渐变线等，不同的应用场合需要使用到不同的线条样式。

首先选中要编辑的图形，单击"格式"选项卡"形状样式"选项组中的"形状轮廓"按钮，可选择轮廓颜色，还可以选择"粗细"和"虚线"子菜单中的命令进行边框粗细和边框类型的详细设置。

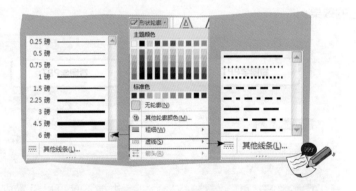

应用后的效果：

如果想使用更多类型的线条，可以选择"其他线条"命令，打开"设置形状格式"对话框，在"复合类型"下拉列表中可以选择其他样式线条。

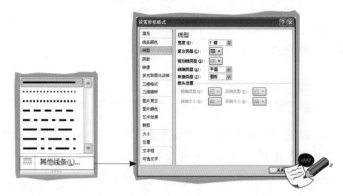

应用后的效果：

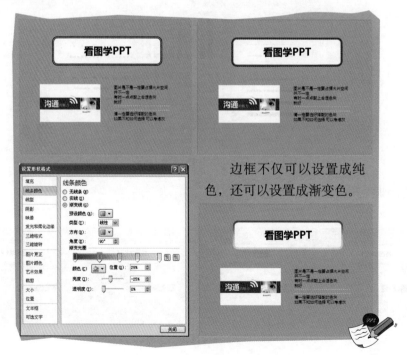

边框不仅可以设置成纯色，还可以设置成渐变色。

图形填充美化

默认绘制的图表一般是纯色填充效果，不同场合可以使用不同的填充效果，包括渐变、图案、纹理和图片等。

选中图形，单击"格式"选项卡"形状样式"选项组中的"形状填充"按钮，在打开的下拉列表中选择"渐变"命令，在打开的子菜单中选择"其他渐变"命令，打开"设置形状格式"对话框。

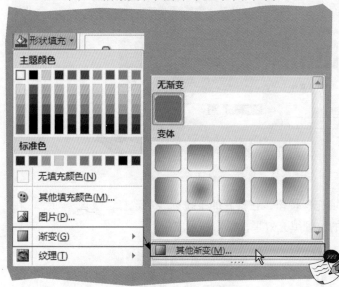

在对话框中选中"渐变填充"单选按钮，进行渐变填充参数的详细设置。

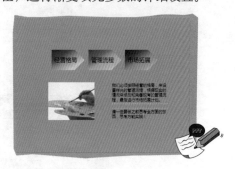

图形图片填充

选中图形，单击"形状填充"按钮，在打开的下拉列表中选择"图片"命令，打开"插入图片"对话框，找到图片所在路径并选中，单击"插入"按钮即可。

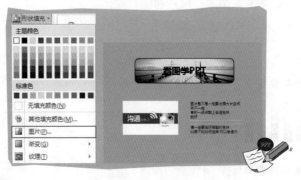

图形纹理填充

选中图形，单击"形状填充"按钮，在打开的下拉列表中选择"纹理"命令，在打开的下拉列表中选择合适的纹理填充效果，单击即可应用。

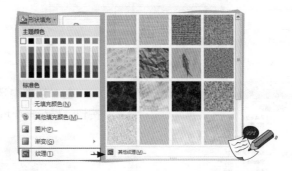

应用后的效果：

图形图案填充

选中图形，单击鼠标右键，在弹出的快捷菜单中选择"设置形状格式"命令，打开"设置形状格式"对话框，在左侧切换到"填充"选项卡，选中"图案填充"单选按钮，分别设置"前景色"与"背景色"，然后选择合适的图案效果，单击即可应用。

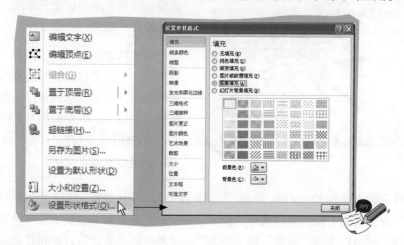

应用后的效果：

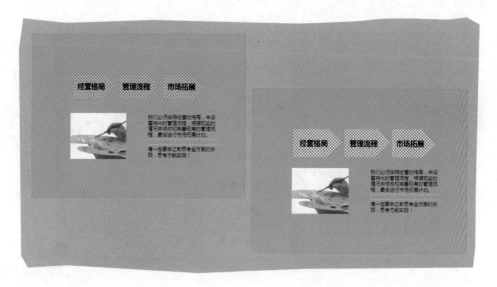

关键点41：图形三维特效很神奇

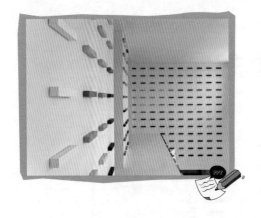

通过设置图形的三维效果可以实现让图形立体化，从而让原来平面的图形具备优秀的表达效果。

三维特效主要包括"棱台"和"三维旋转"。三维旋转是通过调整图形的位置和角度，体现出立体效果，主要包括水平旋轴（X轴）、垂直旋轴（Y轴）和圆周旋轴（Z轴），配合"棱台"效果的设置可以让图形更加立体化。

首先选中要编辑的图形，单击"格式"选项卡"形状效果"选项组中的"形状效果"按钮，在打开的下拉列表中选择"棱台"命令，在其子菜单中显示有多种棱台效果可以选择，还可以选择"粗细"和"虚线"子菜单中的命令进行边框粗细和边框类型的详细设置。

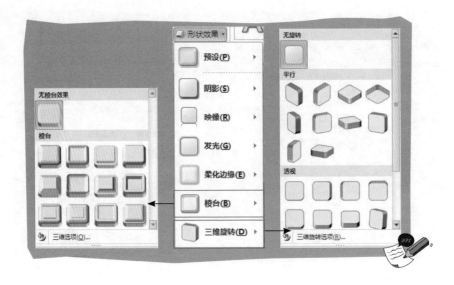

当预设效果不满足实际需要时，可以在子菜单中选择"三维选项"命令或者"三维旋转选项"命令，打开"设置形状格式"对话框，进行自定义设置。

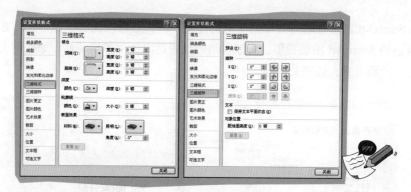

设置三维效果后的图形效果：

应用了三维效果图形的幻灯片范例：

关键点42：表达逻辑关系时用SmartArt图形很方便

SmartArt图形在幻灯片中的使用也非常广泛，它可以让文字图形化，并且通过选用合适的SmartArt图形类型，可以很清晰地表达出各种逻辑关系，如并列关系、循环关系、流程关系、递进关系等。

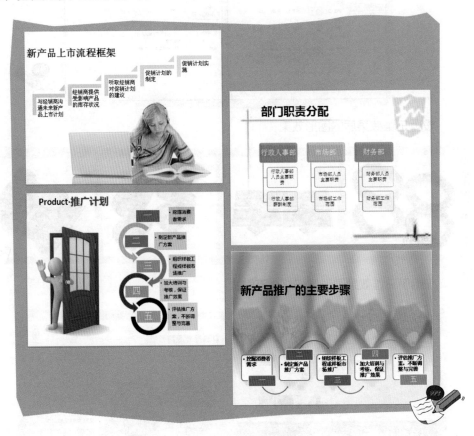

程序中把SmartArt图形分成了8个种类，分别用来表达不同的关系。单击"插入"选项卡"插图"选项组中的SmartArt按钮，打开"选择SmartArt图形"对话框，可以按需要选择图形种类。

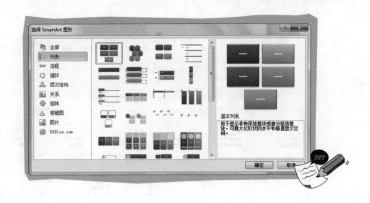

 ★ 编辑默认 SmartArt 图形

默认插入的 SmartArt 图形一般都只包含 3 个形状，当形状不够使用时，则可以在"创建图形"组中单击"添加形状"按钮来添加。

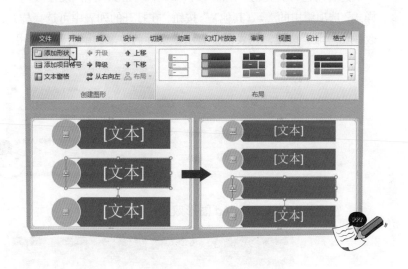

在向 SmartArt 图形中输入文本后，如果发现顺序存在问题，无须删除再重新输入，可以通过移动快速调整。选中要调整的形状，在"创建图形"组中单击"上移"或"下移"按钮即可调整其顺序。

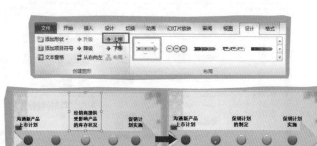

 套用样式快速美化 SmartArt 图形

默认插入的 SmartArt 图形的样式比较单调，程序提供了一些内置样式便于快速套用进行美化。选中插入的 SmartArt 图形，单击"设计"选项卡"SmartArt 样式"选项组中的"▽（其他）"按钮，在打开的列表中可选择样式；单击"更改颜色"命令按钮，列表中会显示预设颜色效果，单击即可应用。

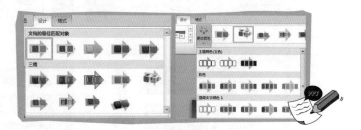

快速美化后的 SmartArt 图形效果：

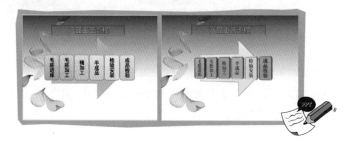

制作幻灯片的过程中，单纯地插入 SmartArt 图形有时并不能满足实际的需要，在插入 SmartArt 图形的基础上可以适当地应用图形功能来进行美化，比如更改个别形状为其他样式，绘制图形来补充修饰等。

重新编辑 SmartArt 图形

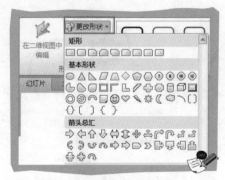

对 SmartArt 图形的默认图形不满意，可以自定义进行修改。

选中插入的 SmartArt 图形中需要修改样式的图形，单击"格式"选项卡"形状"选项组中的"更改形状"按钮，在打开的下拉列表中选择需要的形状，单击即可应用。

更改默认图形前后对比图：

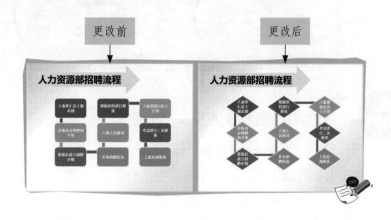

如果对套用的 SmartArt 图形的效果不满意，还可以自定义设置图形的特殊效果。实际就是对图形"阴影""映像""发光""柔化边缘""棱台""三维旋转"效果的设置。

选中插入的 SmartArt 图形中需要修改样式的图形，单击"格式"选项卡"形状样式"选项组中的"形状效果"按钮，在打开的下拉列表中选择需要的效果，进行详细设置。

自定义图形特殊效果：

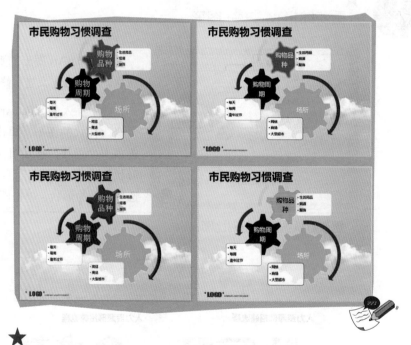

 ★ 添加自选图形修饰 SmartArt 图形

另外，很多时候在添加了 SmartArt 图形后，再补充自选图形进行修饰，可以让设计更出众。

❶ 插入原始 SmartArt 图形，输入对应文字信息。

❷ 插入一个椭圆图形，调整其大小略大于 SmartArt 图形中的默认圆形，颜色为深灰色。将绘制的椭圆图形置于底层，并将其放置于 SmartArt 图形中默认圆形的底层。

❸ 按相同的方法在其他默认圆形后面都添加椭圆图形（可以利用复制的方法实现）。

❹ 再次插入椭圆，略大于上一个圆形，颜色略浅于上一个圆形，调整位置置于最底层。

❺ 插入文本框置于 SmartArt 图形旁，补充说明 SmartArt 图形信息，设置文字格式完毕后即完成所有操作。

关键点 44：封面的设计思路

一个好的封面，就好比一场演讲的开场白。同样对于 PPT 来说，一个好的封面能够唤起观众的热情，使大家的注意力集中在接下来的幻灯片内容上。

几种封面的设计思路

利用深色图片作为整体背景，并且图片能营造出立体感，文字在左上角干净的区域，易于辨识，且配合线条引导视线，与背景图片浑然一体。

选择整张图作为背景，添加矩形框设置为半透明状态，制作蒙版效果，配合图片中的自带框，添加文本框输入文字，文字能突出显示。

半图型封面是放置图片占幻灯片半块版面，另半块版面采用色块加上文字组合拼凑，色块颜色与图片颜色接近，保持同一色调。

利用任意多边形的编辑顶点功能，绘制任意曲线形状，配合图片，组合使用。

如果 PPT 背景图片本身比较复杂，为了让标题文字不至于被背景湮没，则可以在图片上半部分绘制矩形图形，并设置渐变填充，营造虚化效果。

关键点 45: 目录的设计思路

一个好的 PPT，其中任意一张幻灯片都体现出设计者的设计素养。目录页在 PPT 中很重要，即使是再不专心的观众，目录总还是要关注的，因此目录页设计好了，能给人留下深刻的印象。

几种目录的设计思路

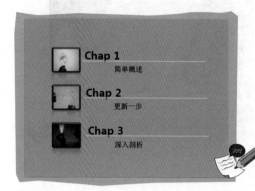

使用了包含图片的 SmartArt 图形创建目录。操作方便快捷，同时也不失特色。

利用简单的色块组合形成目录，不同色调可以代表不同主题的内容，目录整体显得规范、专业。

利用时间线的形式构造目录，结合色块，清晰，有条理。

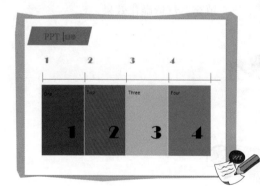

利用色块和图片的交叉使用，使PPT 充满商务气息，活跃生动。

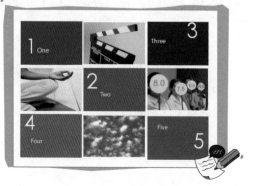

Chapter 6

第6章

给幻灯片配好色

关键点 46：对色彩的初步了解

色彩搭配，是指将两个以上的色彩，根据不同的目的性，按照一定的原则，重新组合搭配，在相互作用下构成新的色彩关系。

在日常生活中，随处都可与色彩发生关系，比如广告设计、服装设计、装饰设计等。广告设计在生活中随处可见，广告的目的是为了宣传推广，让消费者通过广告了解产品并选择产品。广告色彩的设计和传达是广告体现的一个重要因素。

服装设计中色彩同样起到了很重要的作用，是服装设计中审美效果的第一视觉要素。不同颜色能够给人们不同的心理反应，如暖色会给人积极、舒服的感觉，而冷色则会带给人宁静、消极的感受。所以，巧妙运用色彩是服装设计成功的重要因素。

装饰设计的色彩效果是决定设计优劣的根本，只有不恰当的配色，没有不可用的颜色。色彩的效果主要取决于颜色之间的相互搭配，同一颜色在不同的颜色背景下，呈现的效果肯定是不一样的，这是因为色彩的敏感性和依存性。所以，配色的关键就在于如何协调色彩之间的搭配关系。

色彩在 PPT 中的运用体现了色彩学在商业应用中越来越重要。PPT 设计中，色彩搭配起到了决定性的作用。只有了解色彩知识以后，才能够设计出漂亮的 PPT。

色彩的基本属性是指色相、亮度和饱和度，视觉所感知的一切色彩形象都具有这 3 种性质，这 3 种性质是色彩最基本的构成要素。

色相：是从物体反射或透过物体传播的颜色。在 0°～360° 的标准色轮上，按位置度量色相。在通常的使用中，色相由颜色名称标识，如红色、橙色或绿色。

两种以上的色相组合后，可以形成由于色相差别而呈现的色彩对比效果，即"色相对比"。对比强弱程度取决于色相环上色相之间的距离，距离越小，对比越弱，反之则越强。

可以选定一个色相为主色，组成同类色、邻近色、对比色和互补色相对比。

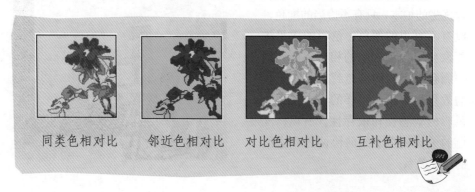

同类色相对比　　邻近色相对比　　对比色相对比　　互补色相对比

同类色相对比是指同一色相里的不同明度和纯度色彩的对比，色相距离在15°以下。

这样的色相对比，色相感会显得单纯、柔和、谐调、耐看，无论总的色相倾向是否鲜明，都很容易调和色调。这种对比方法比较容易掌握，但与色相感较强的相对比，则会感到单调、平淡且无力。

邻近色相对比的色相距离在15°以上，45°左右，色相感对比同类色更明显、丰富、活泼，可以弥补同类色相对比的单调，但是不能保持统一、单纯、柔和、耐看等优点。

当各种类型的色相放在一起形成邻近色相对比时，效果会更鲜明、完整，更容易被看到。

对比色相对比的色相距离在130°左右，比邻近色相对比更加鲜明、强烈和丰富，容易营造兴奋激动的视觉环境，故更易造成视觉以及精神上的疲劳。

这类效果不易组织，容易产生杂乱和过分刺激，造成倾向性不强、个性不鲜明的效果。

互补色相对比的色相距离在180°左右，相比之前的色相对比，更加的强烈、丰富，富有刺激性。

它不单调，能适应全色相刺激习惯，缺点就是不安定、不协调，有一种幼稚、原始，甚至粗俗的感觉。所以想把互补色相对比组织得满意，需要一定的配色技术。

亮度：是指颜色的相对敏感程度，通常用 0%（黑色）～ 100%（白色）的百分比来度量。

饱和度：有时称为彩度，是指颜色的强度或纯度。饱和度表示色相中灰色分量所占的比例，它使用 0%（灰色）～ 100%（完全饱和）的百分比来度量。在标准色轮上，饱和度从中心到边缘递增。

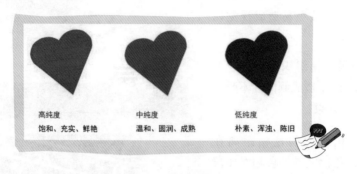

高纯度　　　　　中纯度　　　　　低纯度
饱和、充实、鲜艳　温和、圆润、成熟　朴素、浑浊、陈旧

关键点 47：明暗调的视觉效果

如果称色彩明度为色彩的亮度可能更好理解，如深黄、中黄、淡黄、柠檬黄等黄颜色在明度上就不一样，紫红、深红、玫瑰红、大红、朱红、橘红等红颜色在亮度上也不尽相同。这些颜色在明暗、深浅上的不同变化就是色彩的明度。

色彩从白到黑的两端靠近亮的一端的色彩称为高调，靠近暗的一端的色彩称为低调，中间部分为中调；明度反差大的配色称为长调，明度反差小的配色称为短调，明度反差适中的配色称为中调。

高短调配色：以高调区域的明亮色彩为主导色，采用与之稍有变化的色彩搭配，形成高调的弱对比效果。它轻柔、优雅，常常被认为是富有女性味道的色调，如浅浅的粉红色、明亮的灰色与乳白色，米色与浅驼色，白色与淡黄色等。

高中调配色：以高调区域色彩为主导色，配以不强也不弱的中明度色彩，形成高调的中对比效果，如浅米色与中驼色，白色与中绿色，浅紫色与中灰紫等。

高长调配色：以高调区域色彩为主导色，配以明暗反差大的低调色彩，形成高调的强对比效果。它清晰、明快、活泼、积极，富有刺激性，如白色与黑色，月白色与深灰色等。

中短调配色：以中调区域色彩为主导色，采用稍有变化的色彩与之搭配，形成中调的弱对比效果。它含蓄、朦胧，如灰绿色与洋红色，中咖啡色与中暖灰等。

中中调配色：以中调区域色彩为主，配以比中明度稍深或稍浅的色，形成不强不弱的对比果，具有稳定、明朗、和谐的效果。

中长调配色：以中调区域色彩为主导色，采用高调色或低调色与之对比，形成中调的强对比效果。它丰富、充实、强壮而有力，如大面积中明度色与小面积的白色、黑色，枣红色与白色，牛仔蓝与白色等。

低短调配色：以低调区域色彩为主导色，采用与之接近的色彩搭配，形成低调的弱对比效果。它沉着、朴素，并带有几分忧郁，如深灰色与枣红色，橄榄绿与暗褐色等。

低中调配色：以低调区域色彩为主导色，配以不强也不弱的中明度色彩，形成低调的中对比色效果。它庄重、强劲，如深灰色与土色，深紫色与钴蓝色，橄榄绿与金褐色等。

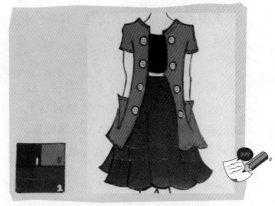

低长调配色：以低调区域色彩为主导色，采用色差大的高调色与之搭配，形成低调的强对比效果。它压抑、深沉、刺激性强，有爆发性的干扰力，如深蓝色与本白色，深棕色与米黄色等。

关键点48：冷暖色的视觉效果

不同强度的色彩作用于眼睛，通过视觉神经传达给大脑以后，经过思维，会形成一系列的色彩心理联想。冷色调和暖色调的色彩不是指色彩本身会有冷暖温差，是指视觉上的色彩会引起人们对冷暖感觉的心理联想。

比如，见到如红、橙、黄等一系列暖色调，会使人联想到阳光、火光、鲜血等景物，产生热烈、欢乐、温暖、开朗、活跃、恐怖等感情反应。见到如蓝、青、绿等一系列冷色调，会使人联想到海洋、月亮、冰雪、青山、绿水、蓝天等景物，产生宁静、清凉、深远、悲哀等感情反应。

暖色：指红、红橙、橙、黄橙、红紫等颜色，人们看到这些色彩后马上就能联想到炙热的太阳和火焰等现象，因此有温暖、热烈的感觉，故称之为暖色。

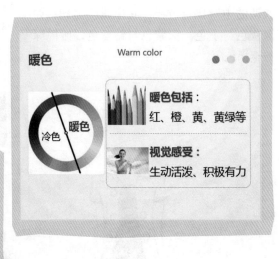

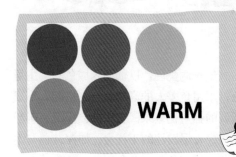

冷色：指蓝、蓝紫、蓝绿、紫、绿等颜色，会让人们联想到蓝天、海洋和冰雪，因此会产生寒冷、理智和平静的感觉，故称之为冷色。

色彩的冷暖视觉效果并不仅仅体现在固定的颜色上，通过色彩对比同样可以体现冷暖感觉的倾向性，使画面色彩更加丰富生动。

冷色的 PPT 画面效果：

暖色的PPT画面效果：

关键点 49：配色禁忌

忌五颜六色

不要让所有色彩都用到，尽量控制在 3 ~ 5 种。

PPT 中色彩搭配最忌讳的就是五颜六色，并非设置多种颜色就可以让画面更加出彩，相反只会让幻灯片整体效果失去基本的美感，也就是通常所说的配色过土、没品位。

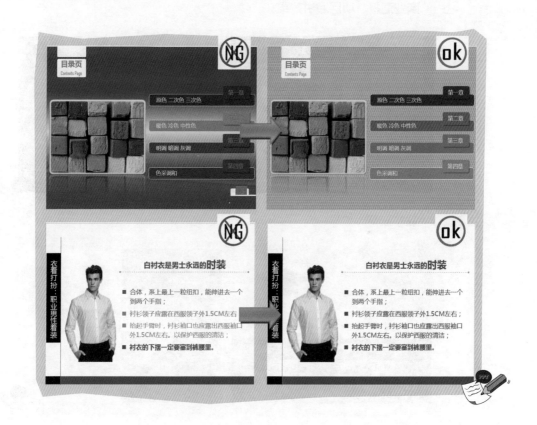

配色需要符合主题

配色需根据幻灯片的主题来决定幻灯片的冷暖色调。

PPT 中的配色，需要注意去契合幻灯片的主题，也就是什么样的讲演主题配什么样的色调，符合人们的视觉习惯。

- 商业汇报、项目演讲之类就比较适合冷色，给人理智、冷静的感受。
- 教学教育类就比较适合绿色调冷色，给人智慧、清新、舒服的感受。
- 党政机关、婚庆活动之类就比较适合红色等暖色，给人积极向上、幸福的感受。

商业汇报、项目演讲效果：

教学教育类效果：

关键点 50: 安全配色的几个技巧

在制作幻灯片时，无论是插入的文字信息还是图形信息，都会涉及颜色选择的问题。色彩搭配是十分讲究的，在配色时，既想让画面绚丽多彩，又想让画面看起来舒服、平静，没有一定的规律是不可能的。初学者或非专业人士如果想要快速地完成配色，下面列举出来的几个配色的技巧可以帮助我们在 PPT 配色方面积累一些经验。

 ★ 巧妙应用主题

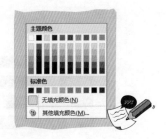

在制作幻灯片应用主题的同时，主题拥有自带的配色方案，在为图形、文字配色时可以从主题颜色中去选择，这种配色方式即使不能让幻灯片出彩，但至少能保证不会犯错。

不同主题色幻灯片应用效果：

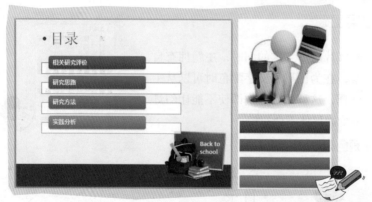

同色系明暗变化

　　同色系是指在某种颜色中，加白色明度就会逐渐提高，加黑色明度就会变暗。在幻灯片中使用同色系，在视觉上会显得比较单纯、柔和、谐调，调子都很容易统一调和，没有强烈的冲击感。这种对比方法比较容易为初学者掌握。

同色系幻灯片效果案例：

★ 邻近色搭配

所谓邻近色，就是在色带上相邻近的颜色，如绿色和蓝色，红色和黄色就互为邻近色。

因为邻近色都拥有共同的颜色，色相间色彩倾向近似，冷色组或暖色组都较明显，色调统一和谐、感情特性一致。所以用邻近色搭配设计 PPT 可以使 PPT 避免色彩杂乱，易于达到页面的和谐统一。

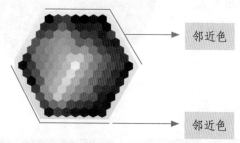

邻近色系幻灯片效果案例：

Chapter 7

第 7 章

动画

关键点 51：勿滥用动画

动，还是不动？

说到底还是需要看动画对你的 PPT 表达是否有帮助，动画是否有助于幻灯片的表现。

使用动画的目的是顺序、强调、简化、展现。

指文字、图形元素柔和出现的方式，为使幻灯片内容有条理、清晰地展现给观众，有时需要一条一条地显示在幻灯片上。

幻灯片中有需要重点强调的内容时，动画就可以发挥很大的作用。使用动画可以吸引大家的注意力，达到强调的效果。

有时页面元素太多，幻灯片会显得复杂拥挤，使用动画可以清晰、有条理地展示出幻灯片内容，化整为零，让观众跟着动画的节奏，一步步接受整个内容。

文字无法准确描述展现的内容，可以通过动画将原理、逻辑等清晰、生动地展示在观众面前。

使用动画效果时，需要切记：勿滥用动画！

所以我们必须遵守一些原则：

 ★ 自然原则

自然，就是遵循事物本身的变化规律，符合人们的常识。

在PPT动画中的表现是：任何动作都是有原因的，任何动作与前后动作、周围动作都是有关联的。在制作动画时，既要考虑该对象本身的变化，也要考虑周围的环境、前后关系的影响，还要考虑与PPT背景、PPT演示环境的协调。

常规的动画，可以遵循以下原则：

- 由远及近的时候肯定也会由小到大，反之亦然。
- 球形物体运动时往往伴随着旋转或弹跳。
- 两个物体相撞时肯定会发生抖动。
- 场景的更换最好是无接缝效果。
- 立体对象发生改变时，阴影也会随之改变。
- 物体运动一般不会是匀速，总会有快有慢。

任何物体的变化总是有原因的，如变亮时可能伴随着日出、光照、星星闪烁，变暗时可能伴随着日落、熄灯、星星暗淡。

简洁原则

简洁有两个含义：

一是对于一些严谨的商务场合、时间宝贵的工作报告，修饰性动画尽可能去掉，一针见血，直接演示内容。

二是在PPT中要尽可能把节奏调快一点，把数量精简一点，把与主题毫不相关的动画去掉，让画面干净利落。

简洁的要求主要体现在图表动画的制作上。

初学PPT动画者很容易犯两个错误：

一是动作拖拉，生怕观众忽略了他精心制作的每个动作，却不知观众对于PPT动画早已习以为常，缓慢的动作会快速消耗观众的耐心。

二是动作繁琐，动画重复。很多制作者把动画制作在母版中，每一页都重复一次，这样不但浪费观众的时间，而且严重干扰观众对主要内容的理解。

适当原则

动画没有好坏之分，只有适当与否。

动画的幅度必须与 PPT 演示的环节相吻合。如果你的观众不接受，再美的画面也是乱画，如果你的观众喜欢动画，再精美的画面如果缺少了动画也会单调乏味。

党政会议少用动画，课题研究少用动画，老年人面前少用动画，保守的人面前少用动画，否则会让人觉得你在故弄玄虚，适得其反。

但企业宣传应多用动画，工作汇报多用动画，个人简介多用动画，婚礼庆典多用动画，在年轻人面前多用动画，因为你专业、你重视、你技高一筹。

创意原则

创意是 PPT 动画的灵魂。

因为有创意，动画才能千变万化；因为有创意，动画才能不断出奇。再美的动画，如果司空见惯，就会变得索然无味。

怎样去改变？当然不是 PPT 软件本身，比较有技巧的东西人人都能掌握，但创意，却能让这些功能发挥得淋漓尽致。

动画之所以精彩，根本就在于创意！

创意是没有规律可循的，只有几个方向可以让我们不断去探索。

一是"新"，出其不意的东西总是能夺得眼球。

俗话说条条大路通罗马，有的道路让人看见美景，有的道路让人历经坎坷，有的道路让人尝尽美味……

同样，任何一个PPT都有无数种做法，根据观众的不同，常常换个方法制作，自然会一直保持新鲜。

二是"巧"，巧合总能给人意外的惊喜。

所有人对巧合的东西都分外喜爱，在设计方面表现更加明显，"巧夺天工""无巧不成书"这些成语说的就是这些道理。那些看似无关要紧的动画，最后往往给人一份意外的惊喜。

三是"趣"，幽默是生活的润滑剂。

幽默是现代生活的润滑剂，如果可能，就给自己的PPT添加一点有趣的元素，让观众带着愉快的心情来看你的PPT文稿，相信会给观众留下很深的印象。

只是，使用幽默得看场合，并不是所有的环境或观众都适合这个观点。有趣的东西也不能太多，只能是点缀，用得太多了，就变成喜剧片了。

四是"准"，精准是PPT制作的根本要求。

如果不能精准表达演示者的信息，所有的美化、创意都变得毫无意义，而只要充分思考，完全可以让PPT动画一步到位。这就需要制作时严格把握图片、图表、文字所表达的信息。

关键点 52：用动画强调重点

在制作幻灯片的过程中，需要考虑演示给观众时强调突出表达的重点内容，这时可以利用动画来强调重点内容。

直接为强调对象设置动画

选中强调对象，单击"动画"选项卡"动画"选项组中的"其他"按钮，单击选择需要的动画效果即可。

设置依次出现，在重点强化对象上设置强调动画

首先设置对象依次出现动画效果。设置完成后，选中需要重点强调的对象，单击"添加动画"按钮，选择"更多强调效果"命令，打开"添加强调效果"对话框。在该对话框中选择适合的强调效果，最后单击"确定"按钮，即可完成强调动画效果设置。

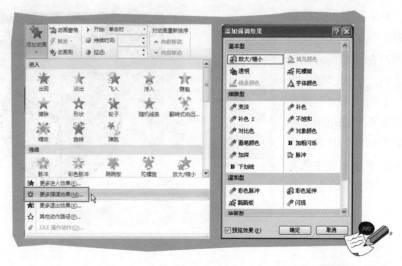

关键点 53：图形图表动画

★ 制作图表动画

准备图表——线

制作图表动画之前，需要检查图表线条。如果线条很细是不适合的，因为这会使动画闪烁不停。

选中饼图，单击"图表工具"下的"格式"选项卡"形状样式"选项组中的"形状轮廓"按钮，选择"粗细"→"3磅"命令将线条加粗。

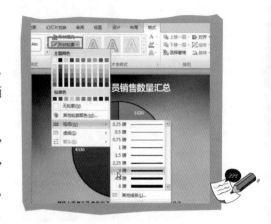

准备图表——文字

如果图表包含数据标签，一定要放在图表外部，否则动画会遮挡住它们。单击"图表工具"下的"布局"选项卡"标签"选项组中的"数据标签"按钮，在打开的下拉列表中选择"数据标签"命令。

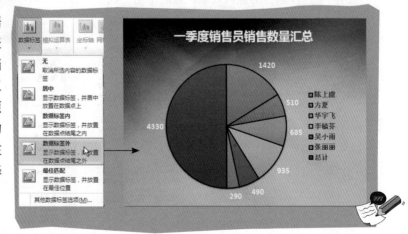

然后单击"开始"以访问文字控件。选中数字，增大字号。
然后选中图例，增大字号。

添加进入效果

优化完图表外观后，就可以添加动画。

选中饼图，单击"动画"选项卡"高级动画"选项组中的"添加动画"按钮，选择"进入"→"轮子"命令，图表会以轮子形式展开到幻灯片中，可以设置持续和延迟时间以控制轮子展开速度。

分别制作动画元素

为使动画效果更明显，可以对各个系列分别进行设置。

单击"动画窗格"按钮，在右侧动画窗格中单击第一个动画的下拉列表，选择"效果选项"命令，在打开的对话框中选择"图表动画"选项卡，设置"组合图表"为"按分类"，然后取消选中"通过绘制图表背景启动动画效果"复选框，最后单击"确定"按钮。

调整动画的方向与计时

在动画窗格中单击双箭头展开动画效果，以便单独修改饼图各个部分的动画效果。选中第一个动画，单击"效果选项"按钮，选择"自右上部"命令。依次选择其他动画，分别设置"自右侧""自右下部""自左下部""自底部""自底部""自左下部""自左侧"。

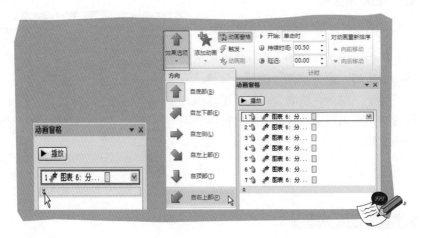

预览动画

查看预览动画效果，有以下两种方法：

- 按 Shift+F5 快捷键，从当前幻灯片放映演示文稿。
- 单击"预览"按钮预览动画效果。

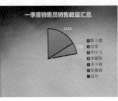
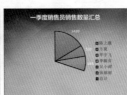
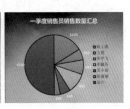

★ 制作 SmartArt 图形动画

选择要制作动画的 SmartArt 图形

选中 SmartArt 图形，单击"动画"选项卡"高级动画"选项组中的"添加动画"按钮，选择"进入"→"飞入"命令。

将整体 SmartArt 动画效果转换为多步

单击动画窗格动画的下拉列表，选择"效果选项"命令，打开"上浮"对话框。在该对话框中切换到"SmartArt 动画"选项卡，设置"组合图形"为"逐个"，且确保未选中"倒序"复选框，然后单击"确定"按钮。

预览动画

查看预览动画效果，有以下两种方法：

- 按 Shift+F5 快捷键，从当前幻灯片放映演示文稿。
- 单击"预览"按钮预览动画效果。

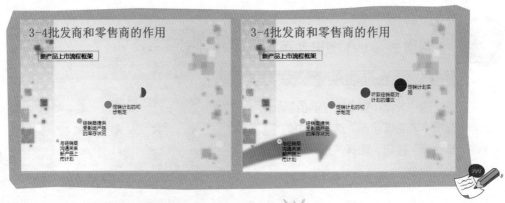

关键点 54: 必要时绘制动作路径

选中要设置动画的对象，单击"动画"选项卡"动画"选项组中的"▽（其他）"按钮，在其下拉列表中选择"其他动作路径"命令，即可打开"更改动作路径"对话框，在该对话框中提供了很多动作路径。

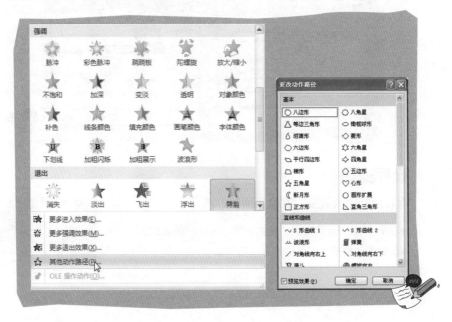

除此之外，可以手动绘制动作路径来自定义设置对象的动作路径。在"动画"列表中，单击"动作路径"栏中的"自定义路径"按钮，光标会变成一个十字箭头形状，拖动鼠标在幻灯片中绘制出需要的动作路径。

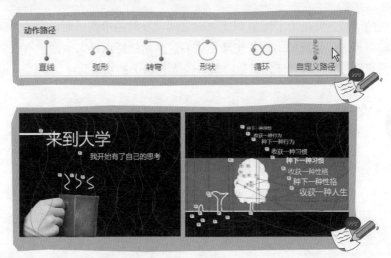

绘制完成后，即可预览动画效果。

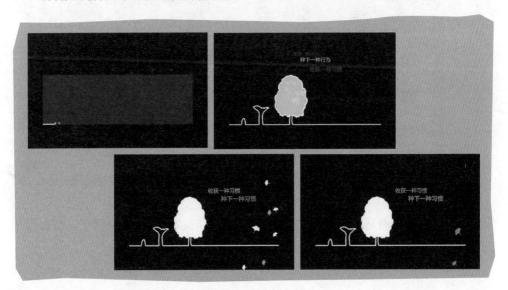

关键点 55：选用合适的切片动画

页面切换动画主要是为了缓解 PPT 页面之间转换时的单调感而设立的，应用这一功能使放映时相对于传统的幻灯片生动了许多。其动画特点是大画面、有气势，适合做简洁画面和简洁动画的 PPT，也适合做一些情节 PPT 的切换。

★ 多种切片效果

放映幻灯片的过程中，可以根据实际需要选择合适的切片动画。

切片动画类型主要包括细微型、华丽型以及动态内容。

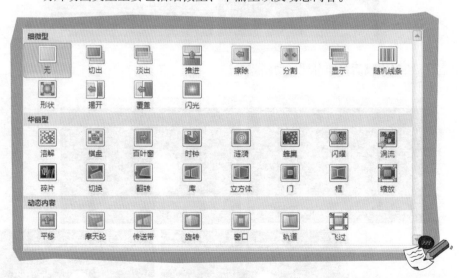

选择合适的切片类型以后，可以设置切换效果，下面列举了一些切片方式的演示效果。

随机线条

向左跌落

帘式

向右风

折断

向右日式折纸

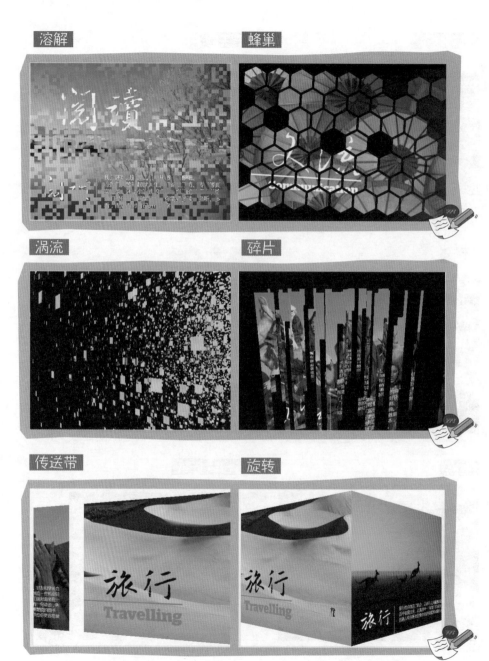

设置切片效果的注意事项

切忌滥用切换，那么何时使用切换呢？

大多数演示者都认为应该在每张幻灯片之间都使用切换，这种观点假设演示者要向观众强调思路的改变，如果演示者能够记住切出（从一个镜头快速切换到另一个镜头）也是一种切换，这种观点就没有什么问题。然而，如果演示者认为切换很有趣而过分依赖于切换为演示问题增添乐趣，这就有问题了。

更好的方法是确定何时需要显著切换，可以问自己几个问题：

- 相邻幻灯片之间的关系有多密切？
- 希望观众有什么反应？
- 切换是否适合或让人有突然的感觉？

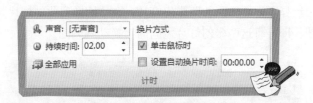

在 PPT 中，每种切换的速度都是可以改变的，通常最好设置为相同的切换的速度。切换的时候也有很多预设的声音，但是一定要谨慎使用切换声音，不能给观众唐突的感觉。

切片效果的统一设置

在设置好某一张幻灯片的切换效果后，为了省去逐一设置的麻烦，用户可以将幻灯片的切换效果一次性应用到全部幻灯片中。

设置好幻灯片的切片效果之后，单击"切换"→"计时"选项组中的"全部应用"按钮，即可统一设置全部幻灯片的切片效果。

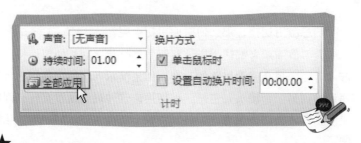

 ★ 删除切片效果

单张幻灯片删除切片效果

如果为全局的幻灯片都设置了切换动画，可是有些幻灯片之间，并不想有切换动画怎么办呢？

选择不需要动画的两张幻灯片，在"切换到此幻灯片"组中单击"无"按钮，即可将这两张幻灯片之间的切换动画删除。

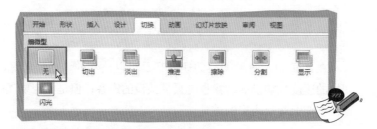

一次性取消所有幻灯片切片效果

单击"视图"选项卡"演示文稿视图"选项组中的"幻灯片浏览"按钮，按住Ctrl+A快捷键，选中所有幻灯片，单击"切换"选项卡"切换到此幻灯片"选项组中的"▽（其他）"按钮，在打开的下拉列表中选择"无"选项，即可取消幻灯片所有切换效果。

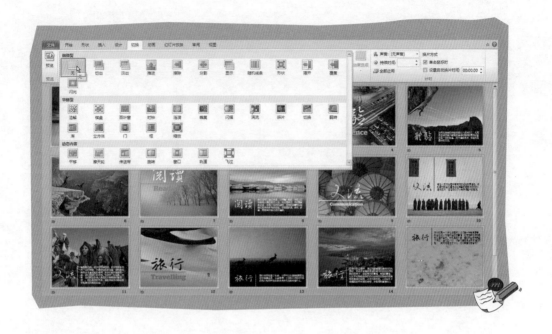

精 品 图 书　推 荐 阅 读

　　"善于工作讲方法，提高效率有捷径。"清华大学出版社"高效随身查"系列就是一套致力于提高职场人员工作效率的"口袋书"。全系列包括 11 个品种，含图像处理与绘图、办公自动化及操作系统等多个方向，适合于设计人员、行政管理人员、文秘、网管等读者使用。

　　一两个技巧，也许能解除您一天的烦恼，让您少走很多弯路；一本小册子，也可能让您从职场中脱颖而出。"高效随身查"系列图书，教你以一当十的"绝活"，教你不加班的秘诀。

（以上图书在各地新华书店、书城及当当网、亚马逊、京东商城等网店有售）

精品图书 推荐阅读

"CAD/CAM/CAE 技术视频大讲堂"丛书系清华社"视频大讲堂"重点大系的子系列之一，由国家一级注册建筑师组织编写，继承和创新了清华社"视频大讲堂"大系的编写模式、写作风格和优良品质。本系列图书集软件功能、技巧技法、应用案例、专业经验于一体，可以说超细、超全、超好学、超实用！具体表现在以下几个方面：

- ☞ 大型高清同步视频演示讲解，可反复观摩，让学习更快捷、更高效
- ☞ 大量中小精彩实例，通过实例学习更深入，更有趣
- ☞ 每本书均配有不同类型的设计图集及配套的视频文件，积累项目经验

（以上图书在各地新华书店、书城及当当网、亚马逊、京东商城等网店有售）

精品图书　推荐阅读

　　"高效办公视频大讲堂"系列丛书为清华社"视频大讲堂"大系中的子系列，是一套旨在帮助职场人士高效办公的从入门到精通类丛书。全系列包括 8 个品种，含行政办公、数据处理、财务分析、项目管理、商务演示等多个方向，适合行政、文秘、财务及管理人员使用。各品种均配有高清同步视频讲解，可帮助读者快速入门，在成就精英之路上助你一臂之力。

　　另外，本系列图书还有如下特点：

成就职场精英
享受美好生活

1. 职场案例＋拓展练习，让学习和实践无缝衔接
2. 应用技巧＋疑难解答，有问有答让你少走弯路
3. 海量办公模板，让你工作事半功倍
4. 常用实用资源随书送，随看随用，真方便

（以上图书在各地新华书店、书城及当当网、亚马逊、京东商城等网店有售）

精品图书 推荐阅读

在当前的社会环境下，很多用人单位越来越注重员工的综合实力，恨不得你是"十项全能"。所以在做好本职工作的同时，利用业余时间自学掌握一种或几种其他技能，是很多职场人的选择。

以下图书为艺术设计专业讲师和专职设计师联合编写的、适合自学读者使用的参考书。共8个品种，涉及图像处理（Photoshop）、效果图制作（Photoshop、3ds Max 和 VRay）、平面设计（Photoshop 和 CorelDRAW）、三维图形绘制和动画制作（3ds Max）、视频编辑（Premiere 和会声会影）等多个方向。作者编写时充分考虑到自学的特点，以"实例+视频"的形式，确保读者看得懂、学得会，非常适合想提升自己的读者选择。

部分案例效果展示

（以上图书在各地新华书店、书城及当当网、亚马逊、京东商城等网店有售）